KB059405

가장 짧은
우주의 역사

The Shortest History of the World

빅뱅 이후 138억 년

가장 짧은
우주의 역사

데이비드 베이커 지음 | 김성훈 옮김

Sejong
세종연구원

데이비드 크리스천에게
바칩니다.

인간은 이야기를 좋아한다. 그리고 인간은 본래 어느 정도 나르시시즘에 빠지는 종이어서 자신의 이야기, 즉 자신의 존재 이유에 관한 이야기를 좋아한다. 요즘에는 이런 이야기를 역사라고 부르지만, 아주 오랫동안 우리는 역사를 너무 편협하게 정의해왔다. 이것은 현실을 극적으로 왜곡하는 정의다.

고등학생 때 '기록으로 남은 역사'는 약 5,000년 전 문자의 발명과 함께 시작되었다고 배웠다. 하지만 이렇게 정의하면 인간의 이야기 중 대부분, 최소한 95퍼센트가 소외된다. 물론 10만 년 전 사람들에 대해, 칭기즈 칸이나 클레오파트라만큼 속속들이 알 수는 없지만, 그들이 빠진다면 마치 인간의 이야기가 아주 최근에 시작된 것처럼 보일 것이다. 우리의 이야기가 농업이나 문자, 혹은 특정한 혁신의 등장과 함께 시작되었다고 상상하면 인간의 이야기가 가파르게 진행된 것처럼 보일 것이다. 그동안 급속도로 수명은 길어지고, 배고픔과 가난은 줄어들고, 교육 수준은 올라갔으니 말이다. 기술 발전이 더욱 폭넓게 공유되고 혁신에 혁신이 더해지면서 인간의 삶도 필연적으로 개선되었다.

하지만 인류의 역사 대부분은 이런 식으로 전개되지 않았다. 중요한 혁신이 등장하고 소규모 공동체에서 그 지식을 한 세대에서 다음 세대로 전달하기도 했지만, 인류의 삶이 항상 일관되게 건강해지고 생산력이 증가한 것은 아니다. 농업, 증기기관, 항생제 같은 것이 개발되기 한참 전 거의 멸종할 뻔한 적도 있다. 우리가 이 지구를 지배하는 종으로 살아온 시간은 전체 역사에 비하면 찰나에 불과하다. 그것을 이해하지 못하면 우리가 이 지구와 그 생물권에 일으키는 극적이고 갑작스러운 변화에 의미 있게 대처할 수 없다.

협소한 역사관으로 보면 자연과학(화학, 물리학, 생물학)과 인문과학(역사, 문학, 인류학)처럼 이분법적으로 나누는 오류를 저지를 때도 많다. 인간의 이야기는 어느 한쪽만 떼어서 바라보면 안 된다. 페스트균과 그것을 옮기는 쥐의 생물학을 모르면 14세기 유럽을 이해할 수 없다. 그리고 애초에 시간이 어떻게 시작되었는지, 그리고 우리 각자가 항성으로부터 어떻게 만들어졌는지 파악하지 않으면 지구에 생명이 어떻게 탄생했는지 이해할 수 없다.

이 책에서 데이비드 베이커는 우리 종과 우리 행성의 역사뿐만 아니라 우주 전체의 역사를 함께 소개한다. 우리는 그 이야기의 끝도 아니고 시작도 아니다. 우리가 사라진 뒤에도 오래도록 이어질 이야기의 중간쯤 등장할 뿐이다. 폭넓은 우주의 역사를 짧게라도 살펴보면 우리 인간이, 혹은 인간이라는 종이 정말 너무나 작게 느껴질 것이다. 하지만 생명이 얼마나 경이롭고 놀라운 존재인지 새삼 깨달을 것이다. 베이커도 말했듯이 밤하늘을 바라볼 때 우리는 우주를 바라보는 것이 아니라, 자신을 바라보는 우주 그 자체다.

－존 그린

차례

이 책은 빅뱅에서부터 생명의 진화, 그리고 인간의 역사에 이르기까지, 단순한 수소 가스 덩어리가 복잡한 인간 사회로 진화하기까지, 우주에 존재하는 모든 '것'의 역사적 변화를 연속적으로 추적한다. 역사를 통해 우리는 하나의 삶에서 그치지 않고 여러 삶을 살아볼 수 있다. 그리고 이 특별한 이야기는 수십억 년에 걸쳐 융합된 경험을 우리 안에 심어준다. 보통 사람들이 자기 조국의 중요한 역사적 사건들에 대해 아는 것만큼이라도 '모든 것의 이야기'에 담겨 있는 핵심적인 리듬에 대해 안다면 인간의 정체성, 우리의 철학, 우리의 미래에 대해 혼란스러웠던 많은 부분이 해소될 것이다.

138억 년 우주의 역사를 넓은 관점에서 바라보면 혼란스러운 인간사 너머로 역사의 전체 형태와 궤적이 눈에 들어올 것이다. 거대한 우주의 이야기를 관통하는 하나의 맥락이 존재한다. 최초의 원자에서, 최초의 생명, 최초의 인간, 그리고 우리가 만들어낸 창조물에 이르기까지 우주에 '복잡성complexity'이 등장했다. 이 맥락을 놓치지 않으면 세세한 부분에 매몰되지 않고 시대를 관통하는 흐름을 읽을 수 있을 것이다. 어떤 질문에 대답할 때 얼마나 세부적으로 말할 것인지는 그 질문의 성격에 달려 있기 때문이다.

이 책에서 던지는 질문은 간단하다. 우리는 어디에서 왔고 어디로 가고 있는가?

미래와 관련해서는 앞으로 몇백 년 후, 몇천 년 후, 몇백만 년 후, 몇십억 년 후, 심지어 몇조 년 후, 몇천조 년 후 우주의 잠재적 종말에 대해 이야기할 것이다. 이 책은 그것들까지 모두 탐험한다.

수학 방정식 같은 것은 등장하지 않으니, 과학이라면 얼굴부터 찡그리는 사람도 안심하라. 낯선 우주적 현상도 알기 쉬운 말로 풀어서 설명할 것이다. 역사 애호가를 위해 한마디 하자면, 138억 년 우주의 역사 중 인간이 차지하는 부분은 한 동료의 말마따나 '에펠 탑 꼭대기에 발라놓은 얇디얇은 페인트 조각'에 불과할지도 모르지만, 아주 현실적이고 객관적인 이유로, 인간은 이야기 속에서 아주 중요한 역할을 차지한다. 우리가 아는 한, 인간의 사회와 기술은 우주 전체에서 단연코 가장 복잡한 구조물이다. 우리는 정신없이 돌아가는 80억 개의 뇌로 치밀하게 짜

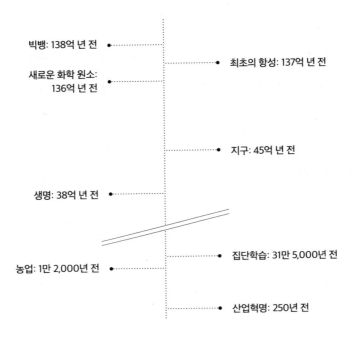

빅뱅: 138억 년 전

최초의 항성: 137억 년 전

새로운 화학 원소: 136억 년 전

지구: 45억 년 전

생명: 38억 년 전

집단학습: 31만 5,000년 전

농업: 1만 2,000년 전

산업혁명: 250년 전

인 그물망이며, 그 각각의 뇌 속에는 우리은하Milky Way에 들어 있는 항
성의 수보다 많은 교점node과 연결connection이 들어 있다. 다음 단계의 복
잡성도 우리한테서 나올 가능성이 높다. 아니면 적어도 우주 다른 곳에
서 진화한 우리와 비슷한 존재에게서 나올 것이다.

프랑스의 역사학자 페르낭 브로델Fernand Braudel이 근대 역사에서 정치
적 사건들을 시간이라는 심연의 바다 위에 떠 있는 거품에 비유한 적이
있다. 지금은 여기 있지만 내일이면 사라져버릴 것이라는 의미다. 우리
는 어디에서 왔고 어디로 가고 있는지 진정으로 이해하려면 깊은 곳에

서 흐르는 해류와 조류를 들여다볼 수 있어야 한다. 계속해서 복잡성이 증가하는 우주의 성향이 역사의 바다 전체를 움직이고 있다. 복잡성 증가를 향해 움직이는 이런 성향이 우리를 만들었고, 계속해서 우리를 변화시킬 것이다. 놀랍게도 자기 인식이 가능한 우리 인류는 현재의 복잡성이 다음에는 어디로 향할지 통제할 힘을 갖고 있다.

우리의 과거는 3단계로 나눌 수 있다.

- 무생명 단계: 138억~38억 년 전
- 생명 단계: 38억~31만 5,000년 전
- 문화 단계: 31만 5,000년 전~현재

각각의 단계는 복잡성이 크게 증가한 시기와 맥을 같이한다. 무생명 단계는 빅뱅에서 지구가 형성되기까지 생명이 없던 우주를 말한다. 생명 단계는 지구 해저에서 최초의 미시 생명체가 탄생한 이후 수십억 년에 걸쳐 복잡한 종과 생태계가 진화한 단계를 말한다. 문화 단계는 인류가 더 많은 지식을 축적할 능력, 그리고 단기간에 도구와 기술을 개발할 능력을 얻으면서 시작되었다. 이를 통해 인간은 생물학적으로 별로 변한 것이 없음에도 행동 방식과 생활 방식이 급진적으로 바뀌었다. 모든 것을 박살 내며 충돌하고 번개 치던 우주에서, 자연선택에 의한 진화가 등장하고, 문화적 진화와 '집단학습collective learning'이 이루어지기까지 단계마다 복잡성이 급격히 증가했다. 역사적 변화 속도 또한 가속화되었다. 우주적 변화는 수십억 년이 걸리고, 진화적 변화는 수백만 년이 걸리는 반면, 문화적 변화는 수천 년, 수백 년, 수년, 심지어 하루 단위로 측정된다.

과거의 중요한 사건들, 그리고 새로이 등장한 진화 형태 등 모든 복잡성의 증가는 기존의 것을 바탕으로 한다.

우리 이야기에는 네 번째 단계인 '미지 단계'도 포함된다. 미지 단계에서는 복잡성이 다시 폭발적으로 증가해 완전히 새로운 단계의 우주적 진화와 역사적 변화를 개시할 것이다. 어쩌면 인류가 인공지능artificial intelligence의 가속화된 창조와 혁신 능력에 자리를 내줄지도 모른다. 어쩌면 인간이 자신의 의식을 컴퓨터에 업로드해서 은하계를 가로질러 여행할지도 모른다. 어쩌면 양자물리학을 통해 우주의 기본 구성요소와 근본 법칙을 전에 없던 방식으로 조작할지도 모른다. 우리가 확실히 아는 것이라고는 복잡성 자체가 완전히 파괴되지 않는 한, 어떤 식으로든 복잡성이 증가하는 것은 시간문제라는 것이다. 인간의 영역에서는 이런 변화가 계속해서 점점 더 빨리 찾아올 것이다.

현세대 사람들은 138억 년 동안 펼쳐온 이야기에서 중심적 역할을 하고 있다. 수십억 년에 걸친 기나긴 이야기를 이해함으로써 우리는 앞으로 펼쳐질 수십억 년을 계획할 수 있는 더 유리한 위치에 설 것이다.

1부

무생명 단계

138억~38억 년 전

1장

빅뱅(대폭발)

거기서 우주의 모든 '것'이 나타난다. 공간이 나타나 그 모든 '것'을 담을 장소를

부여한다. 시간이 나타나 그'것'이 형태를 바꾸는 것, 즉 역사를 가능하게 한다.

그 모든 '것'은 원초적 에너지이자 물질이며 이것이 우리 주변의 다양한 사물로

바뀐다.

펑!

138억 년 전 작고 뜨거운 하얀 점 하나가 나타났다. 그러나 너무 작아

서 처음에는 그 무엇으로도 보이지 않았을 것이다. 현대의 가장 강력한

현미경이라도 있었다면 모를까.

그것은 시공간 연속체space-time continuum와 그 안에 들어 있는 극단적으

로 뜨겁고 밀도 높은 에너지였다. 그 점 바깥으로는 아무것도 존재하지 않았다. 우주 만물을 구성하는 모든 성분이 그 안에 들어 있었다. 그 후 수십억 년에 걸쳐 형태만 바뀌었을 뿐 우주는 마치 하나의 찰흙 덩어리처럼 수없이 많은 형태로 빚어지고 또 새로 빚어졌다.

역사 전체에서 절대적인 최초의 시간은 빅뱅 후 10^{-43}초였다. 이것을 소수로 표현하면 1.0에서 소수점이 왼쪽으로 43칸 움직인 수다.

0.0000000000000000000000000000000000000000001

정말 찰나 속의 찰나와 같은 시간이다. 이것은 우리가 측정할 수 있는 최소의 시간 덩어리다.[1] 이보다 짧은 시간은 물리적으로 무의미하다. 이보다 짧은 시간 안에 변화가 일어났다고 보여줄 만큼 빨리 움직이는 것이 우주에 존재하지 않기 때문이다. 이보다 더 짧은 시간, 예를 들어 10^{-50}초 정도의 시간을 포착한다고 하더라도 10^{-43}초와 똑같아 보일 것이다. 이것은 마치 영화 필름의 첫 프레임 같다.

우주는 원자 하나보다, 심지어 그 원자를 구성하는 입자 하나보다도 작았다. 우주 만물의 압력이 그 작은 공간에 들어 있었기 때문에 믿기 어

---

1 이것을 '플랑크 시간'이라고 하며, 물리적 최소 길이인 플랑크 길이를 빛이 통과하는 데 걸리는 시간으로 정의한다.

려울 정도로 뜨거워 그 온도가 무려 142,000,000,000,000,000,000,000, 000,000,000켈빈[2], 즉 1.42×10^{32}켈빈에 이르렀다(온도가 너무 높아서 섭씨온도와 화씨온도가 사실상 동일하다). 여기서는 물리의 법칙 자체가 일관성을 유지할 수 없다. 우주가 너무 뜨거워 그 우주를 만든 법칙 자체가 녹아내린 형태로 존재했다. 이것은 순수 그 자체의 진정한 혼돈이었다. 이상한 나라에 간 앨리스가 약에 취하기까지 한 상태라고나 할까?

빅뱅이 있고 10^{-35}초라는 짧디짧은 순간이 지난 뒤 우주가 자몽 하나 크기로 팽창했다. 맨눈으로도 보였을 것이다. 온도도 1.13×10^{28}켈빈까지 식었다. 물리학의 네 가지 기본 힘이 현재 형태로 굳을 정도의 온도다. 그래서 중력, 전자기력, 강한 핵력, 약한 핵력이 일관성을 갖추게 되었다. 물리법칙의 지배를 받는 우주가 탄생한 것이다. 만약 이런 힘이 굳는 과정에서 균형이 살짝만 바뀌었어도 우주는 지금과 완전히 딴판으로 진화했을 것이다.

그동안 양자 수준에서 생긴 잔물결 때문에 작은 점의 에너지들이 함께 모이고, 그 바람에 우주의 에너지 분포가 살짝 불균일해졌다. 이렇게 모인 에너지가 모든 물질, 복잡성, 항성, 행성, 동물, 그리고 우리를 비롯한 우주의 여러 가지로 진화했다.

빅뱅 10^{-32}초 후 우주는 1미터 넓이로 커졌고, 이제 힘든 일이 마무리

---

2 절대온도의 단위로, 0켈빈은 섭씨 -273.15도에 해당한다.

되었다. 시계의 태엽을 감아 기계장치를 작동시키자 시계가 똑딱똑딱 움직이기 시작했다. 이 짧은 첫 순간에 우리의 운명은 이미 우주의 구조 안에 아로새겨졌고, 그 후 시간은 이른바 역사로 남았다.

그 후 10초에 걸쳐 우주는 10광년의 넓이로 커졌고 우주가 50억 켈빈까지 계속 냉각되는 동안 순수한 에너지로부터 굳어서 나온 작은 입자들이 그 안에 가득 찼다. 이 입자는 서로 반대되는 물질과 반물질의 쌍인 쿼크quark와 반쿼크anti-quark, 양전자positron와 전자electron였다. 대부분의 물질은 반물질과 충돌해 순식간에 폭발하며 다시 에너지로 돌아갔다. 반물질 짝을 찾지 못한 물질은 전체의 10억분의 1에 불과했다. 겨우 이만큼의 물질이 우리가 오늘날 보고 있는 우주의 모든 '것'을 형성하고 있다. 첫 10초 동안 일어난 이 기적이 하마터면 존재하지 않을 뻔했던 우리를 구원해주었다.

그 후 3분 동안 우주는 계속해서 팽창을 이어갔고, 넓이가 1,000광년을 넘겼다. 이때의 우주는 그 안을 빽빽하게 채운 무자비한 방사선이 지배하는 바다였다. 살아남은 쿼크들이 여전히 강력한 열에 의해 한데 합쳐져 양성자proton와 중성자neutron를 형성했다. 그리고 이 양성자와 중성자가 다시 합쳐져 수소H와 헬륨He 원자의 중심부, 즉 원자핵nucleus을 형성했다. 수소와 헬륨은 존재하는 모든 원소 중 최초로 탄생한 가장 단순한 원소다. 수소는 원자핵에 양성자 하나만 있으면 된다. 하지만 헬륨은 더 많은 재료가 필요하기 때문에 적은 양만 만들어졌다. 우주는 1억 켈빈 아래로 냉각되었다. 너무 빨리 냉각되는 바람에 다른 많은 원소가 만들어지지 못했다(리튬과 베릴륨만 극미량 만들어졌다). 이보다 무거운 원소들은 수백만 년 후 항성이 만들어질 때까지 기다려야 했다.

우주는 호모 사피엔스가 존재해온 시간보다 긴 수천, 수만 년 동안 계속해서 팽창과 냉각을 이어갔다. 빅뱅 38만 년 후 우주는 넓이가 1,000만 광년 이상으로 커졌고, 3,000켈빈 정도로 냉각되었다. 용암보다 두 배 뜨거운 온도다. 금을 녹이고, 다이아몬드도 무더운 여름날 얼음덩어리처럼 뚝뚝 방울져 흘러내리게 만들 수 있는 온도다. 이 온도는 대부분의 복잡성을 지워버릴 정도로 여전히 뜨겁지만, 한편으로는 수소와 헬륨의 원자핵이 전자를 포획해서 완전한 원자를 이룰 정도로 낮다. 그렇게 해서 우주는 가스 구름으로 채워지기 시작했다.

우주의 밀도도 낮아져 방사선과 입자의 짙은 안개 사이로 빛의 광자들이 처음으로 자유롭게 날아다녔다. 눈부신 섬광도 있었다. 거기서 나온 광자들이 사방으로 퍼져나갔기 때문이다. 이 섬광을 우주배경복사cosmic microwave background, CMB라고 한다. 우주배경복사는 오늘날에도 우주 모든 방향에서 감지할 수 있다. 라디오나 TV 채널을 맞춰 잡음을 포착하면 그 잡음 중 1퍼센트는 우주배경복사에서 온 것이다. 이것은 우주의 아기 시절 첫 사진이자, 우리의 머나먼 과거가 처음으로 남긴 눈에 보이는 흔적이다.

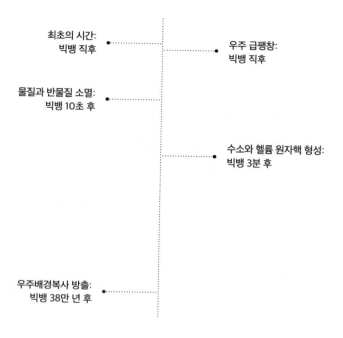

최초의 시간:
빅뱅 직후

물질과 반물질 소멸:
빅뱅 10초 후

우주 급팽창:
빅뱅 직후

수소와 헬륨 원자핵 형성:
빅뱅 3분 후

우주배경복사 방출:
빅뱅 38만 년 후

빅뱅이 일어난 것을 어떻게 알까?

몇 가지 근거로 우리는 빅뱅이 일어난 것을 알게 되었다. 우선, 우주에
서 현재 우주의 추정 나이인 138억 년보다 더 오래되었다고 확인된 것
이 전혀 없다. 지구에도 없고, 망원경으로 뒤져봐도 없다. 우주가 공간
적으로나 시간적으로 무한했다면 1,050억 년 된 것이나 802조 년 된 것
들이 우연히라도 발견되었을 것이다.

둘째, 우리 우주 속 정상 물질normal matter이 대부분 수소와 헬륨이라는 사실은 팽창하는 우주가 몇 분간 짧게 엄청 뜨거웠다가 신속하게 냉각되어 그보다 무거운 원소가 형성될 시간이 없는 경우 예측되는 상황과 정확히 일치한다. 이번에도 우주의 나이가 무한히 많고 무한히 컸다면 우주의 화학 조성이 지금과 같은 이유를 명확하게 설명할 수 없었을 것이다. 무한한 우주에서 무한히 많은 항성이 초신성supernova으로 폭발했다면 우주에 금이 수소만큼 흔하지 않을 이유가 없다.

셋째, 1920년대에 에드윈 허블Edwin Hubble이 우주의 지도를 만들다가 대부분의 은하가 공간이 팽창하면서 지구에서 멀어지고 있음을 발견했다. 허블은 여기서부터 논리적으로 추론해보면, 즉 시간을 거꾸로 돌려보면 우주에 있는 모든 은하가 과거 어느 한 시점에 하나의 점으로 뭉쳐 있었을 거라고 결론 내렸다.

이러한 발견에도 불구하고 빅뱅 이론은 수십 년 동안 우주론의 주류가 아니었다. 여기서 가장 결정적인 네 번째 증거로 이어진다. 빅뱅 38만 년 후 등장한 우주배경복사다. 빅뱅 이론이 맞는다면 우주가 몇천 년 동안 팽창한 뒤에는 뭉쳐 있던 물질, 플라스마plasma, 방사선이 충분히 넓게 퍼져 빛이 자유롭게 날아다닐 수 있었을 것이고, 우주를 가로질러 밝은 섬광이 비추었을 것이다.

1940년대 물리학자들은 하늘 모든 곳에서 이 섬광의 잔재를 볼 수 있을 거라고 예언했다. 그리고 1964년에 두 명의 무선 공학자 아노 펜

지어스Arno Penzias와 로버트 윌슨Robert Wilson이 이것을 발견했다. 이것은 두 사람이 찾으려고 노력한 결과가 아니었다. 두 사람은 고감도 무선 안테나에서 잡음을 모두 제거하려고 했지만 완전히 제거되지 않아, 셀 수 없을 만큼 교정해보기도 하고, 안테나에 똥 싸는 비둘기들을 총으로 잡아보기도 했지만 모두 소용없었다. 그러다가 나중에 프린스턴 대학교의 한 물리학자가 그들이 무엇을 발견했는지 알려주었다.

그 후 빅뱅은 우주의 출발에 대한 주류 이론으로 자리 잡고 수많은 연구가 진행되었지만, 그런 연구 모두 이 이론의 전반적인 뼈대가 옳다는 것을 다시금 입증하거나 더 명확하게 정리해주었을 뿐이다.

우주는 어떻게 생겼을까?

빅뱅 후 처음 순간 우주는 양자 입자 크기에서 자몽 크기로 팽창했다. 그리고 1초도 되지 않아 우리 태양계보다 커졌으며 4년 후에는 우리은하보다 커졌다.

우리가 알고 있는 우주는 현재 직경이 930억 광년이다. 그럼 수십억 년 전에 태어난 항성과 은하들은 너무 멀리 떨어져 그 빛이 우리에게 도달할 기회조차 없었다는 의미다. 우주가 시작된 지 138억 년밖에 지나지 않았으니 말이다. 지구에서 볼 수 있는 우주를 '관측 가능한 우주Observable Universe'라고 한다. 하지만 그 지평선 너머에는 우리가 볼 수 없는 수많은 것이 존재한다.

더군다나 멀리 떨어진 물체로부터 여기까지 빛이 이동하는 데는 시간이 걸리기 때문에 먼 곳을 바라볼수록 더 머나먼 과거를 들여다보는 셈이다. 예를 들어, 우리와 이웃한 안드로메다Andromeda는 200만 광년 떨어져 있다. 따라서 지금 망원경으로 보이는 안드로메다의 모습은 대략 호모 에렉투스가 지구 위를 어슬렁거리기 시작하며 검치호sabre-toothed tiger에게 잡아먹히지 않을까 걱정하던 시절의 안드로메다다.

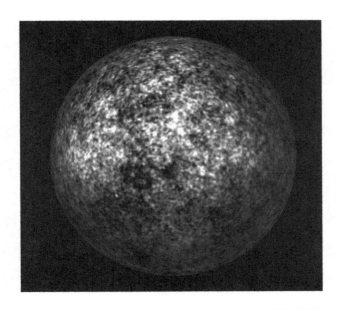

우주배경복사 |

관측 가능한 우주

관측 가능한 우주 |

관측 가능한 우주는 지구에서 어느 방향으로 시선을 돌려도 보인다. 그런 면에서 보면 관측 가능한 우주는 구체라고 할 수 있다. 하지만 이 것이 우주 전체의 모습은 아니다. 물리학자들은 우주의 곡률이 0이라 고 판단했다. 우주가 휘어져 있지 않기 때문에 어느 시점에서 다시 자기 와 만날 일이 없다는 의미다. 우주는 사방으로 뻗어 있는 탁자처럼 끊임 없이 영원히 팽창한다. 관측 가능한 우주는 그 위에 있는 하나의 조각에 불과하다. 탁자 위에 남은 커피 잔 자국처럼 말이다. 그리고 지구는 그 커피 잔 자국 안쪽 어딘가에 박혀 있는 작은 목재 섬유 한 가닥에 지나 지 않는다.

우리가 아주 멀리 떨어져 눈으로 우주 전체를 바라볼 수 있다면 우주의 색깔은 베이지색일 것이다. 뒤로 한참 물러나 관측 가능한 우주의 모든 항성에서 나오는 빛을 한데 합쳐서 볼 수 있다면 우주 거품cosmic bubble의 색은 베이지색일 것이다. 우주론 학자들은 그 색깔을 '우주 라테cosmic latte'라고 세련되게 부르려 했지만, 사실 말 그대로 베이지색이다. 개인적으로 나는 우주가 베이지색이라는 사실이 맘에 든다. 살짝 덜 위압적으로 느껴지니 말이다.

다중 우주는 무엇일까?

현재 가장 널리 받아들여지는 모형인 빅뱅 모형에서 나올 수 있는 한 가지 필연적 결과는 '영원한 급팽창eternal inflation' 현상이다. 관측 가능한 우주라는 커피 잔 자국이 급팽창으로 튀어나와 처음 찰나의 순간보다 느리게 팽창하고 있지만, 탁자 위 다른 부분들은 여전히 처음 그 속도로 팽창하고 있을지도 모른다는 의미다. 또한 물리법칙과 역사적 사건이 우리와 완전히 다른 커피 잔 자국(즉 다른 우주)이 나온다. 그리고 이런 과정이 영원히 펼쳐질 것이다. 각자 우리의 '관측 가능한 우주'와 대략 크기가 비슷한 이 다양한 '우주'의 집합을 다중 우주Multiverse라고 한다.

하지만 다중 우주라는 용어는 잘못된 것이다. 탁자 위에 서로 다른 물리학이 통하는 서로 다른 커피 자국들이 존재할 뿐, 모두 같은 우주이기 때문이다. 물리법칙의 변이는 거의 무한할 정도로 많고(10^{500}개 혹은 관측 가능한 우주에 들어 있는 원자 수의 거의 6배), 이 각각의 물리법칙은 여러 가지 서로 다른 역사적 결과를 낳을 수 있다. 이 가설이 옳다면 당신이 지금 이 문장을 1.5초 더 일찍 읽고 있는 또 다른 '우주'가 존재한다는 의미다. 그리고 당신이 아예 태어나지 않은 우주도 존재하고, 항성이 아예 존재하지 않는 우주도 존재한다. 그리고 제2차 세계 대전이 일어나지 않은 우주도 있고, 당신의 얼굴이 치실처럼 생기고 오솔길이 피자처럼 생긴 우주도 존재한다. 당신이 상상할 수 있는 것 이상으로 많은 우주 변이가 존재한다.

만약 이 가설이 옳다면 제일 가까운 다른 '우주'에서 온 빛이 등장하는 날 그 사실 여부를 확인할 수 있을 것이다(거기에도 빛이라는 것이 존재한다면). 그리고 그 빛이 마침내 우리에게 도달하는 날은…

…약 3조 년 후가 될 것이다.

우리는 빅뱅을 어떻게 이해할 수 있을까?

우리 우주가 어떻게 시작되었는지 이해하려니 존재론적 혼란으로 머리에 쥐가 날 것 같다고? 그것은 당신의 잘못이 아니다. 인간은 규칙이 고정된 우주 속에서 진화해왔고, 우리의 뇌와 지각도 마찬가지다. 따라서 우리 뇌가 직관적으로 이해하는 물리학이 확립되기 전에 일어난 사건을 이해하기는 쉽지 않다.

우리는 우리 종의 생존에 딱 필요한 만큼만 직관적으로 세상을 이해하도록 진화했다. 우리가 이해하는 세상에서 위로 올라간 것은 반드시 내려와야 하고, 원인이 있으면 결과가 있으며, 닭은 달걀에서 나오고 달걀은 닭에서 나온다. 이것을 벗어난 나머지 부분은 좀 더 시간을 들여 깊이 생각해봐야 한다.

점을 하나 상상해보자. 아주 작은 점이다. 이것이 138억 년 전 10^{-43}초 때의 빅뱅 특이점Big Bang singularity이다. 그 점 안에 모든 에너지와 물질이 들어 있었다. 우리의 나머지 이야기에 들어갈 모든 재료가 그 안에 들어 있었던 것이다. 그러나 뭘 해도 좋지만 딱 하나, 그 점 밖으로 공간이 존재한다는 상상만큼은 하지 말자. 공간은 우리 우주의 속성이기 때문에 전적으로 우주 안에서만 존재한다. 우주가 팽창하면서 더 많은 공간이 창조된다. 하지만 밤에 별과 별 사이로 어둠이 보이듯, 그 점 밖에 칠흑 같은 어둠이 있었을 거라는 상상조차 해서는 안 된다. 그 칠흑 같은 어둠은 곧 공간을 의미하기 때문이다. 빅뱅 순간에는 그 점 외에 아무것도, 공간조차 존재하지 않았다.

종이와 펜을 가져다가 종이 중앙에 작은 점을 하나 그린 다음 가위로 그 점 밖의 종이를 모두 오려낸다. 그렇게 해서 남은 것이 초기 우주다.

모든 시간, 공간, 에너지를 담고 있는 이 원초적 원자가 오늘날에도 계속 팽창 중인 그 탁자로 자라난 것이다.

빅뱅 이전에는 무슨 일이 있었을까?

빅뱅 이전에는 시간이 존재하지 않았다. 따라서 빅뱅 '이전'이라는 것은 존재하지 않는다. 빅뱅 이전 시간이란 마치 자기 아버지와 어머니의 만남을 주선해 결혼하도록 한 사람이 바로 자기라고 주장하는 것만큼이나 말이 안 되는 얘기다.

빅뱅 이전에는 공간도 존재하지 않았다. 빅뱅 '이전'에는 어떤 사건이 일어날 수 있는 공간이 존재하지 않았고, 그 사건이 일어날 수 있는 시간도 존재하지 않았다. 빅뱅 이후 우주가 현미경적으로 작은 점 하나에서 현재의 930억 광년 직경 크기로 팽창했고, 지금도 여전히 커지고 있다. 공간은 빅뱅 이후 현상이다. 시간 역시 빅뱅 이후 현상이다. 빅뱅 '이전'에 무언가 움직일 수 있는 공간이 없다면, 무언가 변화할 수 있는 공간도 없다. 그리고 변화가 없다면 사건도 없고, 따라서 역사도 없다. 의미 있는 방식으로 시간을 통해 측정할 수 있는 것이 전혀 존재하지 않는다.

따라서 빅뱅 '이전'에는 공간도 없고, 변화도 없고, 움직이거나 변화할 수 있는 '것'도 없었다. 말 그대로 완전한 '무無'였다. 만약 빅뱅 이전에 무언가 존재했다면 그것은 인간에게 완전히 낯선 방식으로 행동하고, 우리가 알고 있는 우주 그 자체의 근본 법칙과도 완전히 다르게 행동했을 것이다. 과거, 현재, 미래라는 인과 사슬을 따라 행동하지도 않았을 것이다.

따라서 우리의 역사는 빅뱅에서 시작한다.

어떻게 무(無)에서 유(有)가 나올 수 있을까?

인간의 머릿속에는 무언가 창조하려면 그 구성요소를 다른 어딘가에서 가져와야 한다는 논리가 단단히 박혀 있다. 열역학 제1법칙이 궁극적으로 지적하는 부분도 바로 이것이다. 즉, 물질과 에너지는 형태만 바뀔 뿐 새로이 창조되지도 파괴되지도 않는다. 하지만 우주는 무無에서 난데없이 나타난 것으로 보인다.

빅뱅 당시에는 우주가 미친 듯이 뜨거워서(1.42×10^{32}켈빈) 아직 물리 법칙이 존재하지 않았다. 열역학 제1법칙이나 무언가가 존재하기 위해서는 다른 어디에서 와야 한다는 일반적인 개념 역시 마찬가지다.

더군다나 빅뱅은 10^{-43}초 당시 너무 작았기 때문에 양자 척도에서 존재했다. 양자 세계에서는 세상이 다르게 돌아간다. 이 척도에서는 가상 입자virtual particle라는 작은 에너지 잔물결이 항상 나타나고 사라진다. 현재 우리 피부를 이루는 원자들 사이에서도 그런 일이 계속 일어나고 있다. 갑자기 나타났다가 짠하고 사라지는 것이다. 이것은 우리의 우주 안에서 확립된 물리학이기 때문에 우주 시작 당시 '무에서 유'라는 것이 아예 생각도 할 수 없는 개념은 아니었다. 어쩌면 우리 우주도 가상 입자와 비슷한 방식으로 등장했을지 모른다.

인간은 인과 관계 속에서 인과 관계를 예상하도록 진화해왔지만, 시간이 존재하기 전에는 그런 전통적인 인과 순서도 존재하지 않는다는 점 역시 고려해야 한다. 우주가 다른 무언가로부터 등장해야 한다고 강요하는 물리법칙은 없다.

게다가 인간은 아무것도 없는 '무'가 실제로 무엇인지 알지 못한다. 그저 스스로 발명해낸 의미만 알 뿐이다. '무'는 특정한 무언가의 부재를 의미한다. 무라는 개념은 "내 술잔에는 술이 '없고', 내 지갑에는 술 한 잔 살 돈도 '없다'"라는 식의 맥락에서 작동한다. 하지만 진정으로 엄격한 물리학에서는 우주 그 어디에서도 '절대적인 무'가 존재할 수 없다. 심지어 우주 제일 깊은 곳에도 존재할 수 없다. 우주 모든 곳에는 항성, 행성, 가스 같은 '것'이나 적어도 방사선이 약하게 웅웅거리는 소리라도 존재한다. 당신의 지갑에 돈은 전혀 없을지 몰라도 공기, 직불카드, 낡은 티켓 한 장, 먼지, 어쩌면 죽은 날벌레 한 마리 정도는 들어 있을 것이다. 과학자가 진정 아무것도 없는 인공적인 공간을 창조할 수는 없다. 소위 '제로 에너지 진공zero energy vacuum'이나 방사선조차 존재하지 않는 공허를 창조하는 것은 물리적으로 불가능하다. 그렇다면 '무'가 실제로 존재하는 곳은 어디일까? 아무래도 우리가 세상에 있지도 않은 '무'를 발명해낸 것 아닌가 싶다.

우리 우주에서 '무'가 물리적으로 불가능한 상황인데도 우리는 빅뱅 '이전'에 '무'가 존재했다는 거대한 가정과 논리적 비약을 저지르고 있다. '무'라는 것이 인간이 발명한 재현 불가능한 개념에 불과한데도 말이다. 사실 이 문장의 문법 자체가 완전히 틀렸다. 우리는 우주 밖 어딘가에 하나의 개념으로서 '무'가 진짜로 존재하며 그것이 시간이 존재하지도 않았던 빅뱅 이전부터 존재했다고 생각할 이유가 없다. "무에서 유가 나온다"라고 말함으로써 우리는 과학적으로도 논리적으로도 가정해서는 안 될 큰 가정을 세우고 있는 것이다.

지금과 동일한 법칙이 적용되지 않는 원시 우주의 작동 방식을 이해하고 싶으면 우리가 갖고 있는 가장 기본적인 개념들을 내려놓아야 한다. 우리 영장류의 뇌는 생존해서 진화하기 위해 이해해야 하는 개념이 아니면 어려워한다. 뇌 회로가 그런 식으로 구성되어 있지 않기 때문이다. 그것은 마치 친구한테 토스터로 문자 메시지를 보내려고 하는 것과 비슷한 경우다.

우주의 시작에 대한 해답 구하기

존재론적 불안과 빅뱅의 미스터리에 관한 불만이 파도처럼 덮쳐온다면, 다음 내용에 대해 생각해보자.

1. 우리는 60년 전까지 빅뱅이 있었다는 사실조차 몰랐다. 앞으로 또 100년, 1,000년에 걸쳐 과학 연구가 이루어지면 우주의 시작에 대해 얼마나 많은 해답을 구할지 상상해보라.

2. 이 수수께끼에 대한 질문이 영장류의 뇌에도 생소하고, 이 우주의 기초물리학에도 생소하다면 그에 대한 해답(그 해답을 찾는다면) 역시 도저히 이해하지 못할 소리로 들릴 수 있다. 우리는 그 해답을 찾아내면 우리의 정서적·철학적 공허를 채워주고 의미에 대한 탐구를 충족시켜주리라 기대하지만, 그렇지 않을 수도 있다.

3. 우리는 이야기의 시작으로 시선을 돌리지만, 어쩌면 엉뚱한 곳에서 만족을 찾고 있는지도 모른다. 자기 삶에 의미를 부여하고 싶다면 현재를 들여다보거나 우리가 원하는 이야기의 결말이 무엇인지 들여다봐야 할지도 모른다. 우리는 삶 속에서 어느 정도 자신의 운명을 통제하고 있다. 인류가 계속 존재하고, 우리의 과학과 기술이 계속 발전하고, 우리의 전체적인 복잡성이 계속 증가한다면 혹시 모를 일이다. 1,000년, 100만 년, 10억 년 후에는 우리가 이 이야기에 어떤 심오하고 초인적인 영향을 미칠지도.

철학적 만족이나 존재의 의미는 어린 시절 정신적 외상이나 우리가 세상에 태어나기 전에 있었던 일에 집착하기보다 우리에게 주어진 시간을 명예롭게 잘 사용했을 때 찾아오는 경우가 많다. 우주 초기 순간을 통해 증명된 것이 있다면 바로 이것 아닐까? 대단히 작아 보이는 변화라도 우주의 구조 속에 아주 크게 아로새겨질 수 있다는 것 말이다.

2장

항성, 은하, 복잡성

최초의 수소와 헬륨 원자들이 한데 빨려 들어가 구름을 형성한다. 이 구름이 빽빽하게 다져지며 원자들이 한데 융합한다. 이런 융합을 통해 거대한 핵폭발이 일어나 최초의 항성이 탄생한다. 항성이 수소와 헬륨을 융합해서 탄소$_{C}$, 질소$_{N}$, 산소$_{O}$, 그리고 26번째 원소인 철$_{Fe}$에 이르기까지 다른 원소들을 만들어낸다. 항성이 초신성으로 폭발하면서 금$_{Au}$, 은$_{Ag}$, 우라늄$_{U}$ 같은 무거운 원소를 만들어낸다. 자연에 존재하는 92개 원소는 모두 하늘에서 폭발한 이 무시무시한 수소 폭탄으로 만들어졌다.

앞에서 보았듯이, 빅뱅이 일어나고 10^{-43}초 후 우주는 양자 입자 크기에서 자몽 크기로 급속하게 팽창했다. 만약 이와 같은 속도로 계속 팽창했다면 자몽만 하던 우주가 현재 크기로 커지는 데 138억 년이 아니라 몇 분의 1초밖에 안 걸렸을 것이다.

그 찰나의 순간에 에너지 분포에서 약간의 불균일성이 나타났다. 우주 다른 곳에서는 에너지가 거의 균일하게 분포했지만 우주 자몽 여기저기에 약간 더 많은 에너지가 점점이 뿌려진 것이다. 이렇게 약간 더 많은 에너지가 점점이 뿌려진 부위에서 항성, 은하, 행성, 그리고 우리 역사를 이루는 모든 복잡성이 태어났다. 이런 불균일성이 없었다면 우

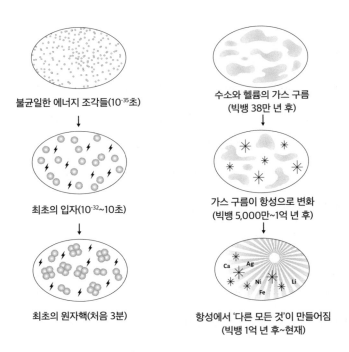

불균일한 에너지 조각들(10^{-35}초)

↓

최초의 입자(10^{-32}~10초)

↓

최초의 원자핵(처음 3분)

수소와 헬륨의 가스 구름
(빅뱅 38만 년 후)

↓

가스 구름이 항성으로 변화
(빅뱅 5,000만~1억 년 후)

↓

항성에서 '다른 모든 것'이 만들어짐
(빅뱅 1억 년 후~현재)

주의 복잡성은 죽은 채로 태어났을 것이고, 이 책 역시 아주 짧게 마무리되었을 것이다.

그 점에 들어 있던 에너지가 아원자 입자로 엉겨 붙으면서 최초의 물질이 등장했고, 우주는 계속 팽창하며 냉각되었다.

수소와 헬륨의 가스 구름으로 채워진 우주는 팽창하는 동안 계속 냉각되어 절대 영도보다 조금 높았고, 오늘날까지 그 상태로 남아 있다. 이런 관점에서 보면 공간 대부분은 단순하고 차가운 상태로 남았고, 수소와 헬륨 이상의 추가적인 복잡성을 이끌어낼 열도 없었다. 대부분 공간은 약한 방사선으로 채워졌다. 오직 물질과 에너지의 불균일성이 군림하는 작은 포켓 속에서만 사물들이 가열되기 시작했다.

불타오르는 항성의 기원

수백만 년 동안 수소와 헬륨의 거대한 구름이 계속 팽창하는 우주를 떠다녔다. 어둠 속에는 다른 것이 많지 않았고, 우주는 아주 균질해 보였다. 별다른 변화도 역사도 없이 죽어 있는 따분한 우주였다.

빅뱅 후 5,000만~1억 년이 지나는 동안(티라노사우루스Tyrannosaurus와 당신 사이의 간격 정도) 중력이 수소와 헬륨 가스를 한데 빨아들여 점점 높은 밀도의 구름이 만들어졌다. 그러다가 결국 이 구름의 중심부 압력이 엄청나게 높아져 수소 원자가 충돌하며 핵끼리 융합했다. 즉, 보통 원자핵끼리는 서로 밀어내는 힘이 작용해 분리된 상태로 유지되지만, 그 힘을 이길 정도로 압력이 강했다는 얘기다.

핵융합(수소 폭탄이 폭발하는 것과 동일한 과정)으로 인해 거대한 에너지가 방출되었고, 갑자기 이 구름이 거대한 불덩어리로 탈바꿈해서 열을 생산하고, 그 에너지를 우주로 발산하기 시작했다. 최초의 항성이 탄생한 것이다. 항성이 집어삼킬 가스가 존재하는 한 이 핵융합은 계속 이어졌다.

항성 중심부에서 일어나는 핵융합 온도는 적어도 1,000만 켈빈(무더운 여름날 온도의 약 2만 5,000배)까지 도달한다. 그리하여 빅뱅 후 3분 만에 일부 새로운 원소가 최초로 만들어진다.

우주 여기저기서 수십억 개의 항성이 탄생했다. 1억~5,000만 년 전에 등장한 1세대 항성들은 주변에서 가스가 충분히 공급되었기 때문에 크기가 거대해서 질량이 태양보다 100~1,000배 많이 나갔다. 하지만 이들이 폭발했을 때 안에 들어 있던 물질들이 다시 2세대 항성으로 빨려 들어갔다. 2세대 항성들은 크기는 작지만 수명은 더 길어 수십억 년이나 되었다.

중력이 항성들을 서로 끌어당기기 시작했고, 항성들은 직경이 30~300광년 정도 되는 항성의 무리를 형성했다. 그리고 이 무리들이 다시 합쳐져 훨씬 큰 무리를 형성했다. 137억~100억 년 전에 우리가

우리은하 |

속한 우주 공간에서 이런 합병이 계속 이어져 우리은하가 형성되었다. 우리은하의 직경은 대략 10만 광년 정도 된다. 우리은하에는 2,000억 개 정도의 항성이 있다. 그리고 그와 동일한 은하 합병이 우주 여기저기 서 일어나면서 관측 가능한 우주에 존재하는 4,000억 개 정도의 은하가 생겨났다.

은하계의 창조

130억~100억 년 전에 다른 종류의 은하가 출현한다. 관측 가능한 우주에 있는 약 4,000억 개의 은하 중 60퍼센트는 나선 은하spiral galaxy(우리 은하도 여기에 해당)가 차지한다. 대다수 항성이 여기서 만들어진다. 하지만 둥글납작한 이들의 중심부에는 항성의 밀도가 너무 높아 생명이 형성되기에 적대적인 환경이다. 초신성이 이 구간을 발기발기 찢어놓는 일이 너무 잦기 때문이다. 우리 태양계가 흘러들어온 나선 은하의 팔arm 부분에서만 생명이 탄생할 만큼 충분한 거리로 항성계들이 간격을 유지하고 있다.

렌즈형 은하lenticular galaxy(예를 들면, 솜브레로 은하 Sombrero Galaxy)도 똑같이 둥글납작하지만 팔이 없다. 이들은 우주의 은하 중 대략 15퍼센트를 차지한다. 여기서는 항성이 거의 만들어지지 않는다.

타원 은하elliptical galaxy(예를 들면, 헤르쿨레스 AHercules A 은하)는 중심부에 둥글납작한 부분 없이 항성이 더 고르게 분포한다. 이것은 죽어가는 은하이기 때문에 그 안에서 항성이 거의 형성되지 않는다. 이런 은하가 전체 은하 중 5퍼센트를 차지한다.

불규칙 은하irregular galaxy는 분류하기가 쉽지 않은 뒤죽박죽 기형이다. 이 은하는 전체 은하의 20퍼센트 정도를 차지한다. 이들은 대부분 크기가 아주 작고, 형성되는 동안 또 다른 은하가 중력으로 끌어당겨 보통 모양이 일그러져 있다. 그중에는 현재로선 형태를 설명할 방법이 없는 것들도 있다.

관측 가능한 우주에 존재하는 은하의 수는 약 4,000억 개로 추정된다. 하지만 최근 연구에 따르면 그 수가 1조~10조 개에 이를 수도 있다. 이렇게 수가 많아지면 어딘가에 복잡한 생명체가 진화하고 있을 가능성도 그만큼 높아진다. 각각의 은하에는 수백만, 수십억, 심지어 수조 개의 항성이 들어 있다. 아마도 진화의 주사위가 굉장히 여러 번 던져졌을 것이다.

항성의 수명

항성의 수명은 크기로 결정된다. 크기가 클수록 연료를 더 빨리 소진하기 때문이다. 태양보다 8배 이상 큰 항성은 초신성으로 폭발한다. 그보다 작은 항성은 폭발하면서 무거운 원소를 만들어내지 않고 그냥 사라진다. 가장 큰 항성은 몇백만 년밖에 타오르지 못하지만, 그보다 약간 작은 항성은 몇억 년간 타오를 수도 있다. 그보다 훨씬 작은 항성은 수억 년간 타오르고, 가장 작고 가장 느리게 타오르는 항성은 잠재적으로 1,000억 년에서 수조 년까지 살아남을 수 있다.

빅뱅 이후 형성된 1세대 항성들은 크기가 거대해 수십억 년 전에 폭발해 사라졌다. 1세대가 폭발하고 남은 잔해로부터 만들어진 2세대 항성들 속에는 1세대 항성의 내부에서 만들어진 무거운 원소들이 들어 있다. 이 2세대 항성들도 대부분 지난 130억 년 동안 사라졌지만, 우주 안에서, 그리고 우리은하 안에서 여전히 여러 개 감지되고 있다.

3세대 항성들은 나이가 몇십억 년밖에 안 된다. 이 항성들은 기존 세대에서 만들어진 무거운 원소가 아주 다양하게 들어 있다. 3세대 항성들은 그 궤도를 도는 행성도 더 많다. 원소가 풍부하다 보니 그 주변으로 먼지의 고리가 만들어지고, 그것이 결국 행성으로 변했기 때문이다. 그래서 3세대 항성(우리 태양도 여기에 해당)이야말로 추가적인 복잡성이 발달할 수 있는 최적의 후보다.

우주 동물원

우리 태양은 황색 왜성Yellow Dwarf이다. 수명은 40억~150억 년 정도이고 우주의 항성 중 10퍼센트 정도를 차지한다. 그보다 약간 작은 오렌지색 왜성Orange Dwarf은 수명이 150억~300억 년 정도이고 마찬가지로 10퍼센트 정도를 차지한다. 적색 왜성Red Dwarf은 가장 작은 항성으로(우리 태양 질량의 5~50퍼센트) 우주 내 모든 항성의 70퍼센트 정도를 차지한다. 적색 왜성은 얼마나 작고 얼마나 느리게 타오르는가에 따라 수천

억 년, 심지어 수조 년까지 살 수 있다. 이런 항성은 죽을 때 초신성으로 폭발하지 않고, 천천히 깜박거리며 사그라든다.

우리 태양 같은 항성은 수소와 헬륨 연료를 모두 소진하고 나면 중심부에 있는 점점 더 무거운 원소들을 태우기 시작한다. 이런 과정이 계속된 결과 황색 왜성은 비 내린 들판에 죽어 있는 소처럼 배가 빵빵하게 부풀어 올라 적색 거성Red Giant이 된다. 그리고 또다시 수십억 년이 흐르면서 줄어들어 백색 왜성White Dwarf이 된다. 백색 왜성은 우리 태양 같은 항성이 뼈다귀만 남아 그 중심부에서 더 이상 원자의 융합이 일어나지 않는 것이다. 적색 거성과 백색 왜성이 우주의 항성 중 대략 5퍼센트를 차지한다.

나머지 5퍼센트의 항성은 희귀하기는 하지만 복잡성의 탄생에서 필수적 역할을 한다. 이들은 초신성으로 폭발하는 항성이다. 초거성Supergiant은 크기에 따라 몇백만 년에서 몇억 년밖에 타오르지 못한다. 이 초거성들은 주기율표에서 26번째 원소인 철까지 모든 원소를 핵융합으로 만들어낼 수 있다. 하지만 그 후 원소를 융합할 정도로 중심부 온도가 뜨거운 항성은 없다. 일단 초거성의 원료가 다 떨어지면 그 육중한 구조가 스스로 무너져 내리면서 거대한 폭발을 일으킨다. 이것이 초신성이다. 초신성 자체가 엄청 뜨겁게 타오르기 때문에 그 과정에서 금, 은, 우라늄같이 훨씬 더 무거운 원소들이 만들어진다. 우주에 천연으로 존재하는 92가지 원소를 만들어내는 것이 바로 이 초신성이다. 금 같은 원소가 희귀한 이유는 전체 항성 중 5퍼센트도 안 되는 초신성을 통해서만 만들어지기 때문이다.

항성이 초신성으로 폭발하면 그 뒤로는 사멸의 잔재로 중성자별neutron star이 남는다. 중성자별은 밀도가 극도로 높고 무겁기 때문에 별로 밝게 타오르지 않는다. 두 개의 중성자별이 충돌할 경우에는 훨씬 무거운 원소도 만들어질 수 있다. 이들은 크기도 작아 직경이 수십 킬로미터밖에 안 된다. 그 작은 공간에 육중한 질량이 들어 있어 중성자별은 블랙홀이 되기 쉽다.

블랙홀은 본질적으로 질량이 너무 커서 자신의 중력에 빨려 들어가는 물질 덩어리다. 이들의 중력이 주변 물질을 빨아들이기 시작하면서 주변의 공간을 비튼다. 블랙홀은 엉성한 물질 덩어리에 불과할지 모르지만 블랙홀이 자기 주변 공간과 시간을 엄청 휘어놓기 때문에 이상한 속성을 갖게 된다는 가설도 있다. 예를 들면, 블랙홀에서는 물리법칙이 붕괴할 수도 있고, 시간의 흐름에 일관성이 사라질 수도 있으며, 다른 차원이나 다른 우주와 연결될 수도 있다.

항성에 화학이 발생하다

현재 주기율표에 등록된 원소는 118개다. 우주에서 천연으로 발견되는 원소는 92가지이고, 자연에서는 그보다 높은 번호의 원소가 생겨나더라도 거의 즉각적으로 그보다 낮은 번호의 원소로 붕괴한다. 이처럼 번호가 높은 원소들은 실험실에서 만들어진 것이다. 가장 최근에 만들어진 원소는 2002년에 러시아-미국 공동 연구진이 만들어낸 118번 원소 오가네손Oganesson, Og이다.

항성들이 자신의 생활사를 거치는 동안 그 안에서 복잡성이 등장했다. 그리고 이들이 사멸하면서 그 안에 들어 있던 원소들을 다시 우주로 날려 보냈다. 이 원소들이 추가적 복잡성의 등장을 위한 재료가 되어준다. 따라서 거의 무한에 가까운 조합의 화학물질이 생겨날 수 있는 것이다. 지금까지 존재하는 화학물질의 종류는 대략 6,000만~1억 가지로 추정된다.

화학물질은 원소의 조합을 더 고차원적 형태로 이어 붙여 만든다. 이것이 바로 분자molecule다. 이런 과정을 통해 H_2O(수소 원자 2개와 산소 원자 1개) 구조의 물이, SiO_2(규소 원자 1개와 산소 원자 2개) 구조의 석영quartz이 만들어진다. 그리고 C_2H_4(탄소 원자 2개와 수소 원자 4개) 구조로 세상에서 제일 흔한 플라스틱 인공물 폴리에틸렌polyethylene도 만들어진다.

그리고 유기 단백질같이 더욱 복잡한 화학물질도 있다. 이것은 수천 개의 원자가 거대하게 얽혀 있는 구조물로, '티틴titin'이라고 명명된 단백질의 경우 화학식이 $C_{169723}H_{270464}N_{45688}O_{52243}S_{912}$이다. 이것은 근육에 탄력을 부여하는 단백질이다. 이 화학물질의 영어 학술명은 대략 19만 글자이고, 그 이름을 완독하는 데만 서너 시간이 걸린다. 원소들이 일단 분자를 형성하기 시작하자 복잡성 범위가 이렇듯 놀라울 정도로 넓어졌다! 유전적 형질을 암호화해서 유기 물질이 스스로 복제하고, 진화하고, 살 수 있게 해주는 DNA 염기(아데닌, 구아닌, 시토신, 티민) 화학식도 마찬가지다.

일단 우주에 92가지 천연 원소가 등장해 서로 다른 화학물질로 결합하기 시작하자 우주는 오늘날 우리 주변에서 보이는 복잡성을 창조하는 데 필요한 재료를 모두 갖추었다.

그렇다면 복잡성이란 대체 무엇일까?

모든 역사를 관통하는 하나의 패턴

138억 년에 걸친 역사를 관통하는 하나의 패턴이 있다. 바로 복잡성의 증가다. 이것이 바로 우리를 창조한 과정이고, 우리가 무언가 창조해나가는 과정이다. 빅뱅 이후 최초로 등장한 물질 입자가 천천히 모습을 바꾸며 항성이 되었다. 이 항성들이 지구(그 위의 생명도 포함)를 구성하는 모든 화학물질을 만들어냈다. 인간의 역사 역시 그와 동일한 복잡성의 증가로 정의할 수 있다. 인간은 수렵채집 생활을 하다가, 고대 농업을 발전시키고, 결국 현대에 이르렀다. 혼란스러운 역사에서 처음부터 끝까지 모든 사건을 관통하는 하나의 맥락을 찾아낼 수 있는 경우는 무척 드물다. 그리고 복잡성의 증가야말로 지금까지 우리가 찾아낸 유일한 맥락이다.

복잡한 물체는 물질이 태피스트리 융단처럼 정교하게 짜여 만들어진다. 이 물체는 유입되는 에너지의 흐름을 통해 자신의 형태를 유지한다. 예를 들어, 항성이 계속 불타오르기 위해서는 가스가 필요하고, 사람이 살아가기 위해서는 먹을 것이 필요하며, 휴대폰이 제 기능을 하려면 배터리가 필요하다. 이 모든 것이 동일한 원리를 따른다. 즉, 죽지 않으려면 에너지의 흐름이 필요하다. 이것이 우주 전체를 통틀어 모든 복잡성에 적용되는 보편적 법칙이다.

물질과 에너지는 138억 년 전 빅뱅이라는 하얗고 뜨거운 점에서 태어났다. 우리가 주변에서 보는 모든 '것'을 만들어낼 재료가 시작부터 그 안에 들어 있었다. 우주 전체의 역사는 곧 이 재료들이 끊임없이 새롭고 독창적인 형태로 탈바꿈해온 역사라고 할 수 있다.

빅뱅 이후 우주에 새로이 추가된 물질이나 에너지는 없다. 이것이 열역학 제1법칙의 본질이다. 그 어떤 것도 새로 만들어지지 않고, 그 어떤 것도 완전히 파괴되지 않는다. 당신의 몸을 구성하는 원자들도 우주가 시작할 때부터 어떤 형태로든 존재했고, 그 후 138억 년 동안 계속 존재하면서 진화를 이어왔다. 어떻게 보면 당신의 나이도 138억 살인 셈이다.

당신이 죽은 뒤에는 그 원자들이 제각각 다른 길로 흩어져 우주 속에서 다시 진화를 이어갈 것이다. 어떤 면에서 보면 우리가 곧 우주이며 하나의 전체다. 그리고 우리는 잠시나마 자신을 인식하는 우주의 일부로 존재할 수 있는 축복을 받았다. 마치 우주가 거울에 비친 자기 모습을 들여다보는 것처럼 말이다.

복잡성의 역학

복잡성은 에너지의 흐름을 통해 만들어지고 유지되는 질서를 갖춘 구조다. 수소 원자는 양성자 1개와 전자 1개로 구성된 구조다. 물 분자는 수소 원자 2개와 산소 원자 1개로 구성된 구조다. 인간의 뇌는 일종의 복잡성이고, 토스터는 인간의 뇌가 발명해낸 복잡성이다. 서로 거래하고 정보를 교환하는 80억 명으로 구성된 인간의 네트워크는 가장 복잡한 시스템 중 하나다.

구성 요소가 다양할수록, 그리고 그 요소들이 더 복잡하게 구성될수록 그 존재의 복잡성도 증가한다. 항성은 그 안에 막대한 양의 수소 원자를 품고 있지만 특별히 복잡하지는 않다. 그저 소수의 원자가 무질서하게 뭉쳐 있는 거대한 덩어리일 뿐이다. 이것을 개와 비교해보자. 개는 화학물질, DNA, 간세포, 뇌세포, 혈관, 복잡한 호흡계, 순환계, 신경계 등으로 매우 복잡하게 얽혀 있는 존재다. 태양 중심부에서 수소 원자 몇천 개를 꺼내 표면으로 가지고 올라와도 태양은 아무 일 없었던 것처럼 계속 타오른다. 하지만 개의 뇌세포를 간세포와 맞바꾸면 그 개는

복잡계	에너지 흐름(ERG/G/S)
태양	2
초신성에 가까운 초거성	120
조류(藻類, 광합성)	900
냉혈동물 파충류	3,000
어류와 양서류	4,000
다세포 식물(나무)	5,000~10,000
온혈동물 포유류(평균)	20,000
오스트랄로피테신류(초기 영장류)	22,000
수렵채집인(아프리카)	40,000
농업 사회(평균 섭취량)	100,000
19세기 직물기계	100,000
19세기 사회(평균)	500,000
모델-T 자동차(1910년대)	1,000,000
진공청소기(요즘 제품)	1,800,000
현대 사회(평균 섭취량)	2,000,000
일반적인 비행기	10,000,000
제트엔진(F-117 나이트호크 스텔스 공격기)	50,000,000

더 이상 새를 쫓아다니지 못할 것이다.

어떤 형태로든 복잡성이 생겨나려면 에너지가 필요하다. 공장에서 자동차 엔진을 용접해서 만드는 것처럼. 이 복잡성을 유지하려면 더 많은 에너지 흐름이 필요하다. 굶어 죽지 않으려면 음식을 먹어야 하는 것처럼. 무언가의 복잡성이 증가하기 위해서는 더 많은 에너지 흐름이 필요하다. 그런 에너지 흐름이 멈추면 구조가 붕괴하고 결국 차츰 죽어간다. 자동차는 털털거리다가 멈춰 서고, 식물은 말라붙다가 죽어버리고, 문명은 버려진 폐허로 붕괴한다. 그 때문에 그 존재를 관통해 흐르는 에너지의 밀도로 복잡성을 측정할 수 있다.

복잡성이 구조적으로 복잡하고 정교할수록 그것을 유지하는 데 필요한 자유 에너지 밀도도 커진다. 항성처럼 우주에서 가장 단순하고 오래된 복잡성은 그램당 필요한 에너지가 그리 많지 않지만, 수십억 년에 걸친 생물학적 진화의 산물이나 문화는 더 밀도 높은 에너지 흐름이 필요하다.

복잡성의 탄생

빅뱅 후 찰나의 순간 동안 시공간에 살짝 잔물결이 일어(양자 요동quantum fluctuation), 그 영향으로 우주 전체에 에너지 덩어리들이 불균일하게 분포

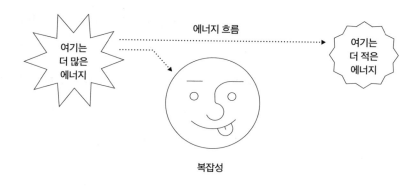

에너지 흐름

여기는
더 많은
에너지

여기는
더 적은
에너지

복잡성

했다. 빅뱅 38만 년 후에 생겨난 우주배경복사의 스냅 사진을 보면 이런 덩어리들이 기록되어 있다. 이런 덩어리들 덕분에 에너지가 굳으면서 최초의 물질 입자가 만들어졌다. 에너지가 이렇게 불균일하게 분포하지 않았다면 복잡성은 생겨날 수 없었을 것이다.

복잡성이 존재하기 위해서는 그것을 만들고 유지할 에너지 흐름이 필요하다. 그리고 에너지 흐름을 확보하기 위해서는 에너지가 더 많은 곳에서 더 적은 곳으로 흘러야 한다. 우주가 시작될 때 모든 에너지가 균질하게 분포했다면 에너지가 이동할 필요도 없었을 것이다. 또한 아무런 변화도 생기지 않았을 것이고, 아무 일도 일어나지 않았을 것이다. 따라서 복잡성도 생겨나지 않고, 처음부터 끝까지 온통 방사선만 얇게 깔린 공허한 우주가 남았을 것이다. 한마디로, 역사가 존재하지 않았을 것이다.

하지만 물질과 에너지가 불균일하게 분포된 첫 덩어리에서 최초의 항성이 만들어졌다. 그리고 이 항성들이 주기율표에 등장하는 모든 천연 원소를 만들어냈고, 이후 이 원소들이 하나로 합쳐져 분자와 행성을 만들어냈다. 그런 뒤 지구라는 행성 위에서 이 분자들이 더 많이 합쳐져 생명을 만들어냈다. 그러고는 그 생명 중 일부가 의식을 진화시켜 무언가를 발명하고, 그 발명품을 만지작거리며 계속 개선해나가는 능력을 진화시켰다.

그런 다음 항성에서 생명으로, 또 기술로 이어지는 동안 우리는 복잡성을 만들고, 유지하고, 증가시키기 위해 더 많은 에너지가 필요해졌다. 그로 인해 우주의 작은 물질과 에너지 포켓이 지난 138억 년에 걸쳐 점점 더 복잡해졌다. 이것이 모든 역사를 관통하는 주제다. 빅뱅이 우주를 가로질러 불균일한 에너지 분포를 만들어냈고, 그 후 138억 년 동안 에너지는 다시 균일하게 퍼져나갔으며, 거기서 생겨난 에너지 흐름을 통해 온갖 놀라운 것이 만들어졌다.

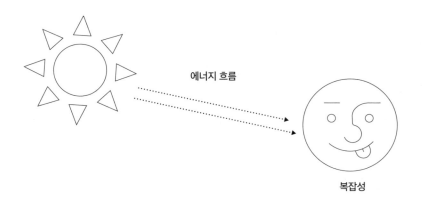

에너지 흐름

복잡성

복잡성의 죽음

하지만 역사에서 나타나는 복잡성 증가에는 역설적인 단면이 존재한다. 태양에서 온 에너지 흐름이 동물의 먹이가 되는 식물과 사람의 뇌에도 에너지를 공급할 수 있는 이유는 열역학 제2법칙 때문이다. 이 법칙에 따르면 에너지는 균일하게 퍼지고 싶어 한다. 이런 일은 에너지가 많은 곳에서 적은 곳으로 흘러가야만 가능하다. 단기적으로 보면 이런 에너지의 흐름이 복잡성을 만들어낼 수 있다. 하지만 궁극적으로 보면 에너지의 흐름은 결국 에너지의 분포를 균일하게 만들기 때문에 더 이상 에너지의 흐름이 생기지 않고, 따라서 복잡성도 죽는다.

이것이 생명을 창조하고, 그 대가로 결국에는 생명을 앗아가는 원리다. 생명의 대가는 오직 죽음밖에 없다. 무슨 철학처럼 들리지만, 이것이 보편적 현실이다.

오직 에너지가 불균일하게 분포되어 있는 우주의 작은 포켓에서만 복잡성이 계속 등장할 수 있다. 약 99.9999999999999퍼센트를 차지하는 나머지 우주 공간은 이미 죽어 더 이상의 복잡성을 만들어낼 수 없다. 이것이 우주의 첫 번째 분할 초기 불균일했던 에너지 덩어리가 우리의 존재에 매우 중요한 이유다.

복잡한 존재일수록 더 많은 에너지 흐름이 필요하고, 그 에너지 흐름을 더 빠르게 사용한다. 예를 들면, 개는 작은 세균 무리에 비해 하루에 필요한 에너지 흐름이 더 크다. 그리고 자동차는 막대한 에너지가 필요하기 때문에 땅속에 묻힌 유기물이 석유로 바뀌면서 수백만 년에 걸쳐 쌓아놓은 에너지를 사용해야 한다. 개는 똥을 싸고, 자동차는 배기관으로 매연을 뿜어내는데, 그 폐기물 중 일부는 두 번 다시 사용할 수 없다. 절대 불가능하다.

결국 우주는 에너지가 완전히 바닥날 것이다. 수조 년에 또 수조 년이 지난 다음에 말이다. 따라서 사실 복잡성이란 우주의 모든 에너지가 균일한 분포 상태로 다시 돌아가려고 애쓰는 기나긴 역사에서 만들어지는 한 가지 부산물에 불과하다. 결국 우주는 약한 방사선이 전체적으로 균일하게 분포된 상태로 돌아간다. 역사도, 변화도, 복잡성도 없는 완전한 침묵의 우주가 되는 것이다. 이런 상태를 열역학적 죽음heat death이라고 한다.

복잡성의 붕괴는 우리의 이야기를 관통하는 위협이다. 우리 이야기 막바지에 가서 열역학적 죽음의 위험에 대해 다시 이야기하겠다. 지금

복잡성 |

당장은 우리를 탄생시킨 근원이 우리의 존재를 지워버릴 잠재적 근원이 기도 하다는 점만 기억해두자. 열역학 제2법칙은 세상의 창조자인 동시에 파괴자다.

열역학 제2법칙에 저항할 방법은 딱 하나, 지금부터 수백만 년에 걸친 과학의 진보를 통해 우주의 근본 법칙 자체를 조작할 정도로 복잡한 초문명supercivilisation을 건설하는 것이다.

3장
지구의 기원

태양이 형성되면서 태양계 안에 존재하는 모든 물질의 99퍼센트를 빨아들인

다. 나머지 1퍼센트가 태양 주위로 1광년 폭의 먼지 고리를 형성한다. 각각의

궤도에서 먼지가 중력으로 뭉치면서 행성, 왜소행성dwarf planet, 소행성asteroid,

혜성 등이 만들어진다. 그런 궤도 중 하나에서 일련의 무시무시한 충돌을 통해

지구가 만들어진다. 지구가 냉각되면서 분화와 대폭격을 통해 최초의 바다가

형성된다. 그 바다 안에서 긴 유기 화학물질 가닥이 형성되기 시작한다.

  우리은하는 약 135억 년 전 최초의 거대 항성 무리에서 시작되었다.
처음부터 회전을 시작해 중앙 부위가 불룩 솟아 있는 납작한 원반 형
태를 갖추었다. 우리은하는 중력으로 근처의 은하를 끌어당겨 합병

하면서 몸집을 키웠다. 그리고 약 100억 년 전 즈음 마지막 은하 합병이 일어났다. 오늘날 우리은하는 직경이 10만 광년에 달하고, 2,000억~4,000억 개의 항성을 포함하고 있다.

　1세대 항성들은 우리은하가 형성되고 몇백만 년 만에 완전히 사라졌다. 수소, 헬륨, 그리고 이 항성들의 거대한 초신성 폭발에서 만들어진 무거운 원소들이 중력에 의해 다시 빨려 들어가면서 완전히 새로운 항성이 만들어졌다. 이 2세대 항성은 수십억 년 동안 계속 반짝거렸다.

　그러다가 45억 6,700만 년 전 우리은하의 한 나선 팔spiral arm 위에 자리 잡은 우리 태양계의 현재 위치에서 1광년 정도 떨어진 곳에 있던 항성 중 하나가 초신성으로 폭발했다. 이 폭발이 그 지역에 수소에서 우

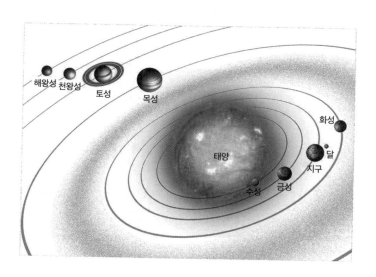

라늄에 이르는 92가지 천연 원소를 씨앗처럼 뿌렸다. 이 초신성에서 나온 폭발 에너지가 근처에 있던 뜨거운 가스 구름을 자극해 3세대 항성이 형성되기 시작했다. 우리 태양의 불길이 처음으로 생명의 불길로 피어올랐다. 태양의 강력한 중력 때문에 태양계의 물질 대부분은 태양으로 빨려 들어갔다. 거기서 남은 1퍼센트의 물질이 태양 주변에 작은 먼지 입자로 이루어진 원반을 형성했고, 그 과정에서 남은 잔재들이 모든 방향으로 1광년 거리까지 펼쳐졌다.

초기 태양계의 먼지 속에 92가지 천연 원소가 모두 들어 있었고, 이 원소들은 진공에서 신속하게 60가지 서로 다른 화학물질을 형성하기 시작했다. 태양이 처음 핵융합 점화를 했을 때 수소와 헬륨 가스 대부분은 태양계 외곽으로 날려갔다. 내행성inner planet(수성, 금성, 지구, 화성)은 바위 행성rocky planet이고 외행성outer planet은 가스상 거대 행성gas giant(목성, 토성, 천왕성, 해왕성)인 이유도 이 때문이다.

태양계

태양 둘레의 먼지가 납작한 원반 형태로 태양 주위를 돌기 시작했다. 지금 우리은하의 팔이 둥글납작한 중심부를 중심으로 회전하는 것과 비슷한 모습이다. 이것이 태양 주변으로 궤도가 탄생한 기원이다. 먼지가 회전하기 시작하며 궤도 트랙을 형성했고, 이곳에서 각각의 궤도에 포함된 모든 물질이 정전기에 의해 부드럽게 서로 달라붙기 시작했다. 현재 행성이 존재하는 궤도 트랙마다 먼지가 뭉치며 급속하게 돌멩이, 그다음에는 바위, 그다음에는 산만 해졌다.

1만 5,000년 만에 태양계는 직경이 10킬로미터 넘는 수백만 개의 물체로 가득 채워졌다. 그러자 아주 격렬한 방식으로 충돌이 일어나기 시작했다. 이런 물체들이 서로 충돌하는 과정에서 열이 발생했고, 그 열에 의해 충돌한 두 물체가 반죽처럼 달라붙었다.

그렇게 해서 약 1,000만 년 후 태양계에 30개 정도의 원시 행성proto-planet이 만들어졌고, 각각의 크기는 대략 달이나 화성 정도였다. 그러나 소행성대Asteroid Belt는 예외였다. 소행성대에서는 근처에 있던 목성의 중력 때문에 수많은 소행성이 서로 충돌해 합병되지 못하고, 결국 '되다만 행성failed planet'으로 남았다. 그리고 몇백만 년 후에는 이 원시 행성들도 서로 무시무시하게 충돌하면서 각각의 궤도 트랙에 딱 8개의 행성만 만들어졌다.

1. 수성Mercury은 태양으로부터 3광분light minute 거리에 있고 지구 크기의 5퍼센트 정도다. 이 행성은 밤에는 섭씨 영하 170도까지 떨어지고, 낮에는 섭씨 427도까지 올라가는 등 극단적인 기온 변화에 시달리고 있다.

2. 금성Venus은 태양으로부터 6광분 거리에 있고, 지구와 비슷한 크기다. 끔찍

할 정도로 두꺼운 이산화탄소 대기가 없었다면 금성에서도 생명이 탄생했을지 모르지만, 이 이산화탄소 대기가 태양에서 오는 막대한 열을 가두는 바람에 표면 온도가 납이 녹을 정도로 뜨거워졌다.

3. 지구 Earth는 태양으로부터 8광분 거리에 있다. 거리로 따지면 지구는 태양으로부터 생명 가능 지역 habitable zone에 놓여 있다. 지구가 생명이 살기에 적합한 환경이라는 것은 우리가 존재하는 것만 봐도 알 수 있다. 잠시 후 지구 이야기로 다시 돌아오겠다.

4. 화성 Mars은 태양으로부터 12.5광분 거리에 있고, 지구의 10분의 1 크기다. 크기가 작기 때문에 대기를 많이 붙잡고 있을 수 없어 대기의 두께가 대략 지구의 1퍼센트 정도다. 이것은 화성에는 물이 액체 형태로 유지될 수 없다는 의미이기도 하다. 화성에 있는 물은 대부분 얼음으로 되어 있어, 생명이 살고 있을 가능성이 더 떨어진다.

5. 소행성대 너머에 있는 목성 Jupiter은 태양으로부터 43광분 거리에 있고, 99퍼센트가 수소 및 헬륨으로 이루어져 있다. 직경은 지구의 11배 정도이고, 질량은 지구의 320배 정도다. 목성은 기후 패턴이 너무 가혹해 생명 비슷한 것은 흔적도 없이 모두 쓸려갈 것이다. 그 두꺼운 구름층 아래로는 고체 수소로 이루어진 표면이 존재할지도 모른다. 즉, 수소 가스가 매우 압축되어 있어 고체 같은 모습을 취한다. 목성의 유로파 Europa와 같은 위성들은 이론적으로 생명을 품을 가능성이 있지만, 생명체의 존재 여부는 수수께끼다.

6. 토성 Saturn은 태양으로부터 78광분 떨어져 있고, 지구 크기의 9배, 지구 질

량의 95배다. 목성처럼 토성에도 생명이 살고 있을 가능성은 높지 않다. 하지만 토성은 62개의 위성과 얼음 및 바위로 이루어진 고리를 거느리고 있다. 이 고리가 토성의 특징(목성도 고리를 갖고 있지만 훨씬 작다)이다. 생명이 살고 있을 가능성이 가장 높은 후보는 타이탄Titan 위성이다. 하지만 생명이 있더라도 지구의 생명과는 아주 다른 모습으로 진화했을 것이다. 그곳은 기온이 너무 낮아 물이 항상 얼어 있고, 메탄가스도 액체로 존재한다. 따라서 메탄의 바다에서 생명이 진화했다면 지구의 바다에서 진화한 생명체와 완전히 다른 형태로 호흡해야 한다.

7. 천왕성Uranus은 태양으로부터 2.5광시light hour 떨어져 있고, 지구 크기의 4배이며, 태양계에서 가장 추운 행성이다. 바람의 속도가 어마어마하고, 대기와 엄청난 압력은 여러 면에서 다른 가스상 거대행성을 닮았다. 그래서 이곳에서 높은 차원의 복잡성이 등장했을 가능성은 지극히 낮아 보인다.

8. 해왕성Neptune은 태양으로부터 4광시 거리에 있어, 태양계에서 제일 멀다. 너무 멀리 있다 보니 태양을 한 바퀴 도는 데 무려 165지구년Earth year이 걸린다. 천왕성과 마찬가지로 해왕성도 극단적으로 춥다. 대기는 수소와 헬륨으로 이루어져 있고, 중심부는 대부분 얼음과 바위로 구성되어 있다.

9. 명왕성Pluto은 태양으로부터 대략 5.5광시 거리에 있다. 1930년에 발견된 이후 당시 우리가 망원경으로 볼 수 있는 가장 멀리 떨어진 행성 비슷한 천체로 여겨졌지만, 다른 8개의 행성처럼 자신의 궤도에 있는 다른 모든 물체를 깨끗이 치우지 못했다. 그리고 수십 년 후에는 다른 왜소행성들이 발견되었

는데, 그중에는 에리스Eris처럼 명왕성보다 더 큰 것도 있었다. 그래서 슬프게도 명왕성은 2005년에 행성으로서 지위를 박탈당했다. 명왕성의 영어 이름이 디즈니 만화영화 〈미키마우스〉에 등장하는 반려견(플루토)과 같다는 사실은 이 지위 박탈과 아무 상관도 없다.

10. 카이퍼대Kuiper Belt는 태양으로부터 5광시 거리에서 시작되는, 행성의 파편으로 이루어진 고리로 7광시 거리까지 펼쳐져 있다. 이곳에는 명왕성, 에리스, 카론Charon, 알비온Albion, 하우메아Haumea, 마케마케Makemake와 같은 왜소행성이 들어 있다. 카이퍼대에는 여러 소행성도 포함되어 있고, 간단한 물, 암모니아, 메탄의 얼음덩어리도 많다. 카이퍼대의 총질량은 지구 질량의 10퍼센트를 넘지 못할 것이다. 그래서 이곳에는 거대한 행성이 등장할 만큼의 물질이 존재하지 않았다.

오르트의 구름Oort Cloud은 태양으로부터 약 27광시 거리에서 시작한다. 빛이 거기까지 도달하는 데 하루 넘게 걸린다는 의미다. 하지만 그래도 여전히 태양의 중력에 붙잡혀 있다. 오르트의 구름은 미행성planetesimal과 혜성으로 이루어져 있다. 그리고 태양으로부터 꼬박 1광년 거리까지 펼쳐져 있다. 심지어 태양으로부터 3광년 거리까지 펼쳐져 있을지도 모른다. 이 정도면 우리의 이웃 항성인 4.2광년 거리의 프록시마 켄타우리Proxima Centauri와도 가깝다. 얼음으로 이루어진 이 구면이 우리 태양계의 끝 가장자리에 해당하며, 우리와 나머지 은하를 나누는 경계 역할을 한다.

우리 태양계 너머로 우리은하에는 2,000억~4,000억 개의 항성이 존재한다. 이 항성계 중에도 행성을 거느린 것이 많다. 은하에 들어 있는 모든 항성 중 대략 0.000000000000000009퍼센트를 둘러보았을 뿐인데도 우리 태양계 근처에서 수천 개의 외계행성exoplanet(우리 태양계 밖에 존재하는 행성)을 찾아냈다.

이로써 우리은하에 지구처럼 생명을 품을 수 있는 행성이 3억 개 정도 되는 것으로 추정할 수 있다. 이는 다른 어딘가에도 생명이 출현했고, 우리가 이 우주에서 혼자가 아닐 가능성이 엄청 높다는 의미다. 특히 저 멀리 4,000억 개에서 수조 개의 은하가 존재한다는 점을 생각하면 더욱 그렇다.

지구

초기 태양계에서 30개 정도의 원시 행성이 세상의 종말 같은 충돌을 이어가는 동안 그 충돌로 생겨난 행성들은 몸집을 불려나갔다. 45억 년 전 즈음에는 현재 지구가 돌고 있는 궤도 트랙에 두 개의 행성이 존재했다. 이것이 어떤 결말로 이어졌는지는 당신도 짐작이 갈 것이다.

지구만 한 크기의 행성과 화성만 한 크기의 테이아Theia라는 행성이 충돌했다. 그리고 지구만 한 행성이 그 잔해를 대부분 흡수해 새로 형성되었다. 하지만 그 물질 중 1.2퍼센트 정도가 충돌 잔해로 지구의 궤도를 떠돌았고, 이 파편들이 엉겨 붙어 달이 되었다.

이 당시 지구는 행성의 충돌로 생긴 불길이 계속 타올라 엄청 뜨거웠다. 또한 소행성도 지구를 계속해서 두들겼는데, 이 소행성 하나하나는 핵전쟁만큼이나 파괴적이었다. 그리고 지구가 자신의 궤도를 돌고 있는 주변 물질을 계속해서 빨아들임에 따라 그 무게에서 생기는 압력으로 지구 중심부에서도 뜨거운 열이 발생했다. 한마디로, 45억 년 전 지구는 모두 녹아 질척거렸고, 젤리 같은 둥근 덩어리가 수천 도의 온도로 타며 부글부글 끓어올랐다.

이것이 분화differentiation 과정에 시동을 걸었다. 지구는 녹아서 질척거리는 반액체 상태의 바위로 이루어진 공 덩어리였기 때문에, 사이사이로 물질이 꽤 자유롭게 지나다닐 수 있었다. 펄펄 끓어오르는 가운데 철, 금 등 가장 무거운 원소들은 가라앉아 지구의 핵까지 내려갔다. 그리하여 철 성분은 지구의 핵에 3,400킬로미터 두께의 공을 형성했고, 여기서 지구의 자기장이 생겨났다.

이 무거운 원소 중 냉각되는 지구의 지각에 붙잡힌 것은 소량에 불과했다. 금 같은 광물이 희귀한 이유도 그 때문이다. 하지만 만약 당신이 어떻게든 맨틀과 지구 핵까지 파고 들어갈 수만 있다면 지구 표면 전체를 코팅할 정도로 많은 금을 캐낼 수 있을 것이다.

지구와 테이아의 충돌 |

가벼운 원소들은 거품을 내며 수면으로 떠올랐다. 맨 윗부분에서는 규소(지각을 구성하는 성분 중 두 번째로 많음), 알루미늄, 나트륨, 마그네슘 등이 끓어올랐다. 원소 중에 제일 가벼운 탄소, 산소, 수소 등은 가스로 분출되어 지구의 초기 대기를 이루었다.

하지만 지각은 잘 식다가 후기 대폭격Late Heavy Bombardment 때 지구를 두드린 소행성들 때문에 냉각이 자주 중단되었다. 끓다가 냉각되어 녹아내린 맨 윗부분에서 지각이 굳기 시작하자마자 더 많은 소행성이 충돌하면서 그 얇은 지각판을 파괴하고 세상을 다시 뜨겁게 덥혔다. 그러다가 40억 년 전경 대폭격이 끝나면서 지각이 완전히 응고되었다.

용암으로 가득한 이 지옥 같은 환경에서도 우리 행성 위에서는 더 고도의 복잡성이 형성되고 있었다. 테이아가 지구와 충돌하면서 약 250가지 화학적 조합이 가능해졌다. 분화가 자신의 임무를 마무리할 즈음에는 1,500가지가 넘는 화학물질이 존재했다.

지구 측정하기

지금 보아도 지각은 지구의 나머지 구조에 비하면 깨지기 쉬운 아주 얇은 구조물이다. 사람의 관점에서 보면 산은 태산처럼 높고, 광산의 수직 갱도는 바닥을 알 수 없고 깊기만 한데, 이게 무슨 말인가 싶을 것이다. 지각은 '냄비 속 수프의 표면이 식으면서 굳어 생긴 더껑이'와 비슷하다. 지구에 있는 대량의 가벼운 원소와 미량의 무거운 원소가 들어 있는 지각은 두께가 35킬로미터에 불과하고, 해저 일부 장소에서는 7킬로미터에 불과하다.

지각 바로 밑에는 상부 맨틀upper mantle이 있다. 여기는 압력이 대단히 높아 온도가 섭씨 1,000도 이상으로 올라간다. 이곳에서 녹아 생긴 무시무시한 용암이 가끔 화산을 뚫고 나와 지구 표면으로 분출된다. 상부 맨틀은 녹은 화성암의 바다에서 650킬로미터 깊이까지 이어진다. 그 아래에는 하부 맨틀lower mantle이 있다. 이것은 2,900킬로미터 깊이까지 내려간다. 이 깊이에서는 온도가 엄청나게 높아 바위가 완전한 액체 상태로 존재한다.

거기서 더 깊이 들어가면 지구 핵core이 나온다. 외핵outer core은 주로 액상의 철과 니켈Ni로 구성되어 있으며, 표면 아래로 5,200킬로미터 깊이까지 흐른다. 그다음에는 내핵inner core이 나온다. 내핵은 이 지옥의 중심부인 6,370킬로미터까지 이어져 있다. 내핵은 압력이 엄청나기 때문에 극단적으로 뜨거운 온도로 녹아 있음에도 불구하고 마치 고체처럼 움직인다. 이 중심부에서는 온도가 섭씨 6,700도까지 올라간다.

| 지구의 지각, 맨틀, 핵 |

지상 지옥

45억~40억 년 전까지 지구는 명왕누대Hadean eon에 속해 있었다. 명왕누대의 '명왕'은 그리스 신화에서 지하세계와 죽음을 관장하는 신 하데스를 뜻한다. 당시 지구가 지옥 같은 환경이어서 붙은 이름이다. 지구 표면의 온도는 여전히 섭씨 100도가 넘어 액체 상태의 물이 만들어지지 못했고, 일부 장소에서는 온도가 무려 섭씨 1,500도까지 치솟아 지구가 용암의 바다로 덮여 있었다.

땅이 만들어진 곳에도 땅의 두께가 종이처럼 얇아 그 갈라진 틈으로 분화 과정에서 빠져나오는 가벼운 원소가 가스 증기로 분출되었다. 땅에서 솟아나온 화산도 용암, 연기, 재를 분출하며 여기에 힘을 보탰다. 용암이 말라 딱딱하게 굳어 쌓이면서 일부 화산은 에베레스트산보다 높아졌다.

하늘도 무시무시한 붉은색으로 물들어 있었다. 대기를 장악하고 있던 (약 80퍼센트) 이산화탄소 때문이었다. 지구에 산소 대기가 형성되기까지는 그 후로 오랜 시간 기다려야 했다. 지금 당장은 대기 중 산소 농도가 무시해도 좋을 수준이었다. 그리고 이때만 해도 태양이 아직 어려서 지금처럼 밝게 타오르지 않았기 때문에 하늘도 붉은색에 어둡기까지 해서 음산한 분위기였다. 만약 영화 〈반지의 제왕The Lord of the Rings〉처럼 하늘 위에 '사우론의 눈'이 떠 있었다고 해도 부자연스러운 느낌이 들지 않았을 것이다.

대략 45억 1,000만 년 전에 테이아가 지구와 충돌했을 때는 지각이 상당 부분 파괴되어 엄청난 양의 용암과 함께 우주로 솟구쳐 올랐다. 화성 크기의 행성이 지구와 충돌하면서 일어났을 재앙을 과소평가할 수는 없다. 만약 그런 일이 지금 일어난다면 모든 생명의 흔적을 쓸어버릴 것이고, 어쩌면 바다도 모두 증발될 것이다. 이 정도 충격이면 6,600만 년 전 공룡을 지구에서 쓸어버린 소행성 충돌보다 450배 정도 심각한 수준이다.

서서히 달이 엉겨 붙어 하늘에 나타나기 시작했을 때는 지금보다 지구와 훨씬 가까웠기 때문에(달은 매년 4센티미터 정도씩 지구와 멀어지고 있다) 머리 위로 지나갈 때 하늘을 더 크게 가렸을 것이다. 그리고 달이 바다에 미치는 조석력tidal force도 그에 따라 더 컸다. 그래서 12~15시간마다 수천 미터 높이의 거대한 쓰나미가 땅을 휩쓸고 지나갔다. 다만 물로 이루어진 것이 아니라 녹아내린 용암으로 이루어진 쓰나미였다.

그런데 상황이 더 나빠진다. 약 5억 년에 걸친 소행성 대폭격Great Bombardment 동안 지구는 소행성에 숱하게 두들겨 맞았다. 특히 41억 년 전 후기 대폭격 즈음에는 아주 심각했다. 이때는 수백만 개의 소행성이 지구를 강타해 그러잖아도 얇고 잘 파괴되는 지각을 아주 산산조각 냈다. 지구는 태양계 이 구역에 남아 있는 우주 찌꺼기를 쓸어 담는 동안 계속해서 이런 재앙 같은 충돌을 겪어야 했다. 이 중에는 핵무기 대학살만큼 강력한 것도 있었을 것이다. 공룡을 멸종시킨 백악기 소행성 충돌만큼 심한 것도 있었을 것이고, 소행성의 크기에 따라서는 그보다 100배 정도 심각한 것도 있었을 것이다. 그리고 6,600만 년 전에 한 번 발생했던 백악기 대멸종과 달리 심심할 때마다 이런 충돌이 계속 일어났다.

당연히 이런 가혹한 환경에서는 어떤 형태의 생명도 소멸할 수밖에 없었다. 이 시점에는 태양계 그 어느 곳에도 생명처럼 섬세하고 복잡한 것이 존재할 수 없었다. 작고도 여린 생명이 하늘의 별 따기 같은 실낱 같은 가능성을 믿고 살아남으려면 지구 위에 어떤 변화가 필요했다.

최초의 바다

이런 파괴에도 불구하고 지옥 같은 상황은 5억 년으로 족했다. 분화 과정에서 '가스 배출'을 통해 대기로 수소와 산소가 뿜어져 나왔다. 그리고 수백만 개의 소행성이 지구를 폭격하면서 우주로부터 막대한 양의 얼음을 갖고 왔다. 이 얼음 역시 바로 녹아서 대기로 스며들었다. 시간이 지나면서 지각이 냉각되어 검회색의 화강암 풍경으로 바뀌고, 용암의 바다는 사라졌다. 그리고 지표면의 온도가 섭씨 100도 아래로 떨어지더니 계속해서 식어갔다. 대기 중에 축적되어 있던 수증기들은 갑자기 땅으로 떨어지는 것 말고는 달리 선택의 여지가 없었다.

뒤이어 성경의 대홍수와 비슷한 상황이 따라왔다. 하지만 40일 밤낮으로 비가 내리는 정도가 아니라, 앞이 보이지 않을 정도의 폭우가 지구 전체에서 수백만 년 동안 그치지 않고 내렸다. 지각에서 함몰된 곳이나 저지대에는 물이 차오르기 시작해 대략 40억 년 전에는 지구가 바다로 뒤덮였다. 제일 높은 바위 돌출부나 대륙만 간신히 물 위로 얼굴을 내밀고 있었다. 그리고 이마저 여기저기 호수가 여드름 자국처럼 박히고, 강으로 곳곳이 길게 패었다. 그러다가 40억 년 전 명왕누대가 끝나고, 시생누대Archean eon가 시작되었다.

시생누대의 세상에 대해 몇 가지 짚고 넘어갈 것이 있다. 첫째, 지각 아래 지구는 형성된 지 얼마 안 돼 여전히 훨씬 뜨거운 상태여서 대량의 지열 에너지를 방출했다. 최초의 생명체는 이것을 유용하게 사용했다. 당시 태양 에너지(태양열 에너지)는 아직 꽤 어두운 상태여서 초기 생명체에게 그다지 매력적인 동력원이 아니었고, 지열 에너지가 이 부분을 보완해주었다. 설사 지표면에 생명체가 등장하더라도 오존층 없이 지표면에 그대로 내리쬐던 태양의 방사선이 그 생명체를 여지없이 파괴해버렸을 것이다. 따라서 당시 생명이 탄생할 수 있는 최고 후보지는 바다 깊은 곳이었다. 그곳은 따듯하고 방사선으로부터도 안전했기 때문이다.

시생누대에는 달도 거대했기 때문에 머리 위를 지날 때마다 해안에서

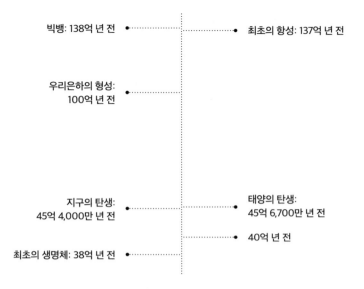

빅뱅: 138억 년 전   최초의 항성: 137억 년 전

우리은하의 형성:
100억 년 전

지구의 탄생: 태양의 탄생:
45억 4,000만 년 전   45억 6,700만 년 전

                    40억 년 전

최초의 생명체: 38억 년 전

해안으로 엄청난 밀물과 썰물을 만들어냈다. 이제 더 이상 용암의 바다
가 아니었다. 하지만 용암 분출과 가스 배출이 계속 이어지면서 육지에
는 여전히 화산이 여기저기 점점이 박혀 있었다. 이 화산들은 주로 이산
화탄소를 뿜어냈고, 여전히 이산화탄소가 대기를 지배하는 기체였다.

　육지에 관해서도 한 가지 중요한 것이 있다. 육지가 완전히 바위투성
이였다는 것이다. 우리가 평원이나 숲이라고 하면 머릿속에 떠올리는
초록색 식물은 아직 존재하지 않았다. 마치 달의 표면과 비슷해 보였
다. 거기에 물만 추가되었을 뿐이었다.

　이제 무생명 단계도 막바지에 이르렀다. 시생누대는 바위투성이 해안

을 두드리는 파도 소리를 제외하면 무감각하고 고요한 세상이었다. 영원히 그 상태로 남아 있을 수도 있었다. 도무지 있을 것 같지 않은 한 사건이 일어나지 않았다면, 우리의 역사는 여기서 이미 막바지에 이르렀을지도 모른다. 복잡성의 다음 단계를 보려면 해저로 시선을 옮겨야 한다. 거기서 우리의 가계도를 싹 틔울 최초의 씨앗을 발견하게 될 것이다.

2부

생명 단계

38억~31만 5,000년 전

4장
생명과 진화

지구가 살짝 덜 치명적인 곳으로 변하면서 생명에게 생존 가능성이 열린다. 분화와 소행성 폭격을 통해 최초의 바다가 만들어진다. 그 바다 안에서 긴 유기 화학물질 가닥이 형성되기 시작한다. 이 유기 화학물질이 자기복제와 진화를 시작하며 생명의 출현을 촉발한다. 이 생명체 중 일부가 광합성 생명체가 된다. 이 광합성 생명체가 대기를 엉망으로 만들어 수많은 생명을 죽음으로 몰아간다. 이런 역경을 이기고 진핵 생명체와 유성생식이 진화한다. 지구 위에서 일어난 이 마지막 눈덩이 지구 사건으로 최초의 다세포 생명체가 만들어진다.

38억 년 전 시생누대에 지구의 고요하게 끓어오르던 바다에서 생명이 시작되었다. 이 연대는 초기의 미생물체가 시생누대의 바위에 남겨놓은 화학적 특징에서 유추한 것이다. 약 35억 년 전 즈음 이 작은 미생물이 남긴 화석 '발자국'을 실제로 볼 수 있다. 이 단순한 원시 생명체조차 복잡성 면에서는 우리가 지금까지 보아온 모든 것을 능가한다.

40억 년 전 즈음 지구의 표면 온도가 끓는점 아래로 떨어지면서 수백만 년 동안 이어진 강우로 최초의 바다가 만들어졌다. 이것이 생명에게는 필수적인 부분이었다. 고체 바위에 파묻혀 움직일 수 없었다면 생명이 형성될 수 없었을 것이기 때문이다. 아니면 지구 표면에 쏟아지는 방사선이나 가스 구름에 타죽었을 것이다. 액체 상태의 물은 유기 화학물질들이 수프 비슷한 혼합물 속에서 움직이며 서로 결합할 수 있는 이상적인 환경이었다. 원시 생명체는 대단히 취약했다. 그런 생명체가 형성되었다는 것 자체가 기적이었다. 이런 생명체에게는 바다 밑바닥이 최선의 선택지였다.

하지만 생명은 어디서 에너지 흐름을 얻어 더 높은 복잡성을 만들어냈을까? 가장 가능성 높은 대답은 해저 화산 혹은 지각의 틈으로 지열 에너지를 뿜어내는 '해저 열수공vent'이다. 미생물체는 이런 화산 가장자리에 눌러앉아 따뜻한 열기로 몸을 녹였다.

이제 수프도 있고 화덕도 있으니 건더기 재료만 있으면 되는데, 시생누대 바다에는 분화 과정에서 거품을 내며 표면으로 새어나온 다양한 유기 화학물질이 풍부했다. 탄소(모든 육상생물은 이 탄소 기반 생명체다) 등 유기 화학물질 대부분이 주기율표에서 제일 가벼운 원소에 해당하는 것은 놀랄 일이 아니다. 탄소는 제일 유연한 원소다. 탄소는 우리가 지금까지 발견한 모든 화학 결합의 90퍼센트 정도에서 사슬의 필수적 연결고리를 형성하고 있다.

수소, 산소, 질소, 인p 등은 자기복제 생명체의 탄생에 탄소만큼이나 중요한 역할을 했다. 38억 년 전 해저 열수공 가장자리에서 이 원소들이 한데 모여 아미노산, 핵 염기nucleobase 등 복잡한 유기 화학물질을 형성했다. 이것은 기본 구성 요소들이 길게 연결되어 있는 구조물이다.

아미노산은 생명에 연료를 공급하는 핵심 요소다. 아미노산은 당신이 먹는 음식 속에 들어 있다. 아미노산은 탄소, 수소, 산소, 질소 원자의 결합으로 만들어진다. 이 원자들은 9개 정도의 원자로 구성된 사슬에 둘러싸여 있다. 아미노산은 단백질의 기본 구성 요소다. 각각의 단백질은 평균 20개 정도 아미노산으로 이루어진 가닥이 엉켜 있는 것이다. 하지만 그보다 훨씬 많은 아미노산으로 이루어진 단백질도 있다. 단백질은 살아 있는 세포의 다양한 지시를 수행하는 데 사용된다. 에너지를 태워 복잡성을 유지하고, 번식하고, 다양한 특성을 키우고, 환경에 반응하고, 세포 여기저기로 무언가 움직이는 데도 사용된다.

반면 핵 염기는 핵산(DNA와 RNA의 기본 요소)의 기본 구성 요소다. 이 핵심 화학물질에 해당하는 것은 아데닌adenine($C_{10}H_{12}O_5N_5P$), 구아닌guanine($C_{10}H_{12}O_6N_5P$), 시토신cytosine($C_6H_{12}O_6N_3P$), 티민thymine($C_{10}H_{13}O_7N_2P$)이다. 보다시피 최초의 우주에서 최초의 수소 원자가 탄생한 이후 복잡

성이 참으로 많이 증가했다.

DNA는 가장 섹시한 산

데옥시리보핵산Deoxyribonucleic acid, DNA은 모든 살아 있는 세포에 존재하
며, 세포가 어떤 종류의 특성을 가져야 하는지, 어떻게 행동해야 하는
지 말해주는 데이터베이스 역할을 한다. 이것은 유기 컴퓨터의 '소프트
웨어'이며, 비디오게임을 돌리는 데 필요한 프로그램 명령이 들어 있는

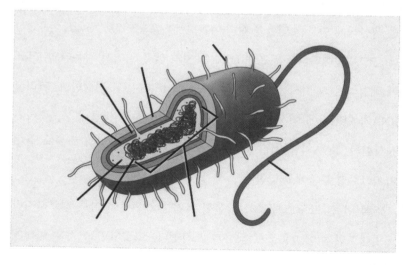

원핵세포 |

디스크와 같은 존재다. DNA는 뾰족한 독니에서 주근깨에 이르기까지, 으르렁거림에서 웃음에 이르기까지 살아 있는 생명체의 겉모습과 행동 방식을 결정한다.

DNA는 수십억 개의 원자로 이루어진 두 개의 가닥이 이중나선 구조를 따라 서로 감싼 형태로 구성되어 있다. 그리고 이 각각의 가닥은 다시 앞에서 언급한 뉴클레오티드로 구성되어 있다. 시생누대 지구의 바다에는 이런 핵 염기가 형성되어 있었을 것이다. 이 핵 염기는 컴퓨터 게임 디스크에 암호화되어 있는 1, 0과 비슷하다.

이제 이 유기체 컴퓨터의 '하드웨어'인 리보핵산ribonucleic acid, RNA을 만나볼 차례다. 두 가닥이 아닌 한 가닥으로만 구성되어 있는 RNA는 DNA로부터 받은 지시를 살아 있는 세포의 작은 장치로 전달해 단백질을 생산하게 만드는 역할을 한다(이런 단백질 공장을 리보솜ribosome이라고 한다). RNA는 이중나선 구조의 DNA를 지퍼 열듯 열어서 컴퓨터의 1과 0에 해당하는 그 지시를 읽어 들이는 방식으로 이 일을 진행한다. 그리고 RNA가 단백질에 행진 명령을 내리면, 이 단백질은 생명체를 구축하기 시작한다. RNA와 단백질은 본질적으로 디스크 판독기와 컴퓨터 자체 마이크로칩 부품에 해당한다.

38억 년 전 고도로 구조화된 산성 유기물 진흙탕이 아주 정교하지만 제멋대로인 화학반응을 수행하기 시작했다. 그렇다면 이것은 어떻게 진화했을까?

진화의 원천

우리가 어떻게 기본적인 유기 화학물질에서 DNA와 RNA 같은 복잡한 구조물로 넘어갔는지는 역사에서 공란으로 남아 있다. 하지만 일단 그런 구조물들이 자리 잡자 그 화학반응은 한 번 일어나는 것으로 그치지 않았다.

DNA는 나머지 살아 있는 세포에 계속 지시를 내리기 위해 자기를 복제한다. 즉, 스스로 복사한다. 그리고 그 과정에서 두 개로 나뉜다. 대부분의 경우 이런 복사 과정은 완벽하게 일어난다. 하지만 가끔 복사 오류 혹은 돌연변이가 일어나 DNA의 지시를 살짝 바꿔놓는다. 10억 번 복사될 때마다 한 번쯤 돌연변이가 생길 수 있다. DNA가 돌연변이를 일으키면 기존과 약간 다른 생명체가 만들어진다.

만약 DNA가 수없이 복제할 때마다 한 번의 실패도 없었다면 생명은 38억 년 전 해저 화산 가장자리에서 생겨났을 때와 완전히 똑같은 모습으로 남았을 것이고, 진화도 일어나지 않았을 것이다. 하지만 돌연변이가 생물학에 역사적 변화를 만들어냈다.

어떤 돌연변이는 생명체에게 치명적으로 작용하고, 어떤 것은 생존에 어떤 식으로도 영향을 미치지 않으며, 어떤 돌연변이는 유리하게 작용한다. 생존에 유리한 돌연변이는 자신을 처음부터 다시 복사할 수 있다. 그러면 이런 주기가 계속 이어진다. 특정 환경에서 유리하게 작동하는 돌연변이는 계속해서 존재하지만 그렇지 못한 돌연변이는(따라서 그 돌연변이를 갖고 있는 생명체도) 죽어서 사라진다.

이것이 진화의 본질이다. 진화적 유용성을 바탕으로 개체나 종 전체가 아니라 유전자가 자연선택되는 것이다. 환경이 변하면 그 환경에서 유리하게 작동하는 유전자도 변한다.

따라서 이 유기물 진흙탕에도 살아 있는 생명체의 핵심적 특징이 모두 갖추어져 있다. 이것은 열수공에서 나오는 에너지 흐름과 주변의 아미노산을 이용한다(대사, 즉 먹는다). 그리고 스스로 복사해서 번식한다(번식). 또한 유용한 돌연변이를 바탕으로 자신의 특성을 점진적으로 바꿔나간다(적응). 대사, 번식, 적응이라는 세 가지 특성이 생명이란 도대체 무엇이며, 생명 없는 우주와의 차이는 무엇인지 정의할 때 내놓을 수 있는 최고의 개념이다.

38억 년 전 해저 화산 가장자리에서 일단 자기복제와 진화 과정이 시작되자, 이 유기물 진흙탕은 이상하고 새로운 형태로 다양하게 바뀌며 결국 지구 전체를 뒤덮었다. 오늘날 살아 있는 모든 세균, 모든 식물, 모든 동물, 그리고 모든 인간은 38억 년 전 그 진흙에서 빚어져 나온 것이다. 찰스 다윈Charles Darwin은 『종의 기원』 말미에 이렇게 적었다. "단순하기 그지없는 존재로 시작한 생명이 무한한 형태의 가장 경이롭고 아름다운 존재로 진화했고, 지금도 진화하고 있다."

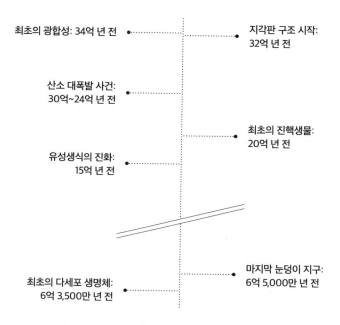

최초의 광합성: 34억 년 전

지각판 구조 시작:
32억 년 전

산소 대폭발 사건:
30억~24억 년 전

최초의 진핵생물:
20억 년 전

유성생식의 진화:
15억 년 전

마지막 눈덩이 지구:
6억 5,000만 년 전

최초의 다세포 생명체:
6억 3,500만 년 전

최초의 광합성

해저에서 최초로 등장한 생명체는 해저 화산에서 나오는 지열 에너지를 받아들여 주변의 화학물질을 잡아먹었다. 물론 이 생명체들은 대단히 단순했다. 이들은 현미경으로만 볼 수 있는, 세포핵이 없는 단세포 생명체인 '원핵생물prokaryote'이었다. 이들의 DNA는 열린 상태로 세포 안을 떠돌았기 때문에 손상 입을 위험이 더 높았다. 이 원핵생물들은 섹스를 하지 않고(이런 안타까운 일이!) 자기복제로 번식했다. 각각의 세포는 몇 분마다 스스로 복사해 둘로 나뉘었다. 어떤 세포는 불과 몇 초 만에 자기복제하기도 했다.

시생누대의 바다는 이런 작은 생명체들로 가득 채워져 있었다. 바다 밑바닥은 해저 화산 가장자리 말고는 살 곳이 부족할 뿐 아니라 화학물질도 부족했다. 이것이 진화의 인센티브로 작동해 일부 원핵생물들이 바다 해수면으로 이동하도록 촉진했다. 하지만 그렇게 하기 위해서는 지열 에너지를 버리고 대신 태양 에너지를 사용할 방법을 진화시켜야 했다.

약 34억 년 전 해수면 근처의 원핵생물들은 물, 햇빛, 이산화탄소를 이용해서 먹이를 구했다. 오늘날의 식물과 동일한 방법이다. 이 원핵생물이 최초의 광합성 생명체다. 이 원핵생물들은 물에서는 수소를 취하고, 공기에서는 탄소를 취하며, 햇빛에서는 에너지를 취해 광합성 작용을 했다. 그리고 이산화탄소에서 탄소를 취하고 남은 산소는 폐기물로 버려졌다.

이 작은 미생물학적 변화가 일어나는 데 4억 년이 걸렸다. 사람의 평균 수명보다 500만 배나 긴 시간이다. 이는 바다를 떠나 처음 뭍에 오른 '어류'와 우리 인간을 나누는 시간 간격에 해당한다.

일부 광합성 생명체는 거대한 군집을 이루기 시작해 스트로마톨라이트stromatolite라는 높이 50~100센티미터의 거대한 미생물 더미를 형성했다. 화석으로 남은 이 미생물 더미를 웨스턴오스트레일리아의 샤크만에서 지금도 찾아볼 수 있다. 이 더미는 30억 년 정도 된 것들이다.

산소 대학살

이처럼 이른 시기에도 생명체들은 환경을 망가뜨리는 습성이 있었다. 앞에서 최초의 광합성 생명체가 폐기물로 산소를 분비했다고 했는데(이산화탄소를 잡아먹고 남은 O_2), 이것은 기본적으로 광합성 생명체에 쓸모없는 해로운 '똥'에 해당했다. O_2는 반응성이 대단히 강해 격렬한 화학반응을 일으키기 때문이다. O_2가 지나치게 많으면 원핵생물을 죽일 수도 있다. 그러나 다행히 34억 년 전 대기에는 O_2가 거의 존재하지 않았다.

하지만 서서히 변화가 찾아왔다.

대략 30억 년 전이 되자 바다에 광합성 생명체가 대량 서식하면서 막대한 양의 O2를 뿜어냈다. 그러나 더 이상 예전처럼 지각에 있는 바위가 그 산소를 모두 재흡수하지 못해 남은 O2는 대기로 스며들었다. 25억 년 전 즈음 거의 없는 것이나 마찬가지였던 대기 중 산소 농도가 2.5퍼센트 정도로 올라갔다. 산소가 있는 환경에서 진화하지 않은 생명체에게는 고통스러운 수준이었다.

수없이 많은 원핵생물 종(모두 잠재적 조상에 해당)이 죽어나갔다. 이것은 현미경을 통해서나 볼 수 있는 단세포 생명체에게만 영향을 미쳤지만, 지구 역사상 가장 치명적인 단일 멸종 사건이었다. 이것은 살아 있는 생명체가 맹목적 행동으로 자초한 멸종이었다.

이것이 아주 느리게 진행되었다는 점을 지적해야겠다. 이것은 우리 인간과 캄브리아기 대폭발Cambrian Explosion[3] 사이의 시간 간격, 즉 대략 5억 5,000만 년에 걸쳐 이뤄졌다. 덜 복잡한 작은 미생물들이 진화해서 환경에 영향을 미치는 데는 더 오랜 시간이 걸렸다. 그럼에도 일단 그 영향이 느껴지자 생명의 힘은 되돌릴 수 없이 거대해졌다.

작은 영향이 쌓이고 쌓여 우주에 뚜렷한 족적을 남긴다는 이 테마는 앞으로도 계속 이어질 것이다.

지각판 구조

38억~32억 년 전 지표면 아래에서 녹은 바위와 용암이 움직이면서 맨틀과 지구 핵에 비하면 달걀껍데기처럼 얇은 지각에 지속적으로 압력을 가했다. 이 뜨거운 용암의 운동에서 나오는 거대한 압력이 손만 대면 터지는 화약고로 작용해 지표면을 뚫고 거대한 화산이 폭발했다. 이 거대한 화산 폭발이 달걀껍데기 같은 지구의 지각에 균열을 일으켰는지도 모

---

3 캄브리아기에 다양한 종류의 동물 화석이 갑자기 등장한 지질학적 사건.

른다.

32억 년 전 즈음에는 지각판이 중단 없이 규칙적으로 흐르기 시작했다. 그 아래 맨틀에서 흐르는 용암과 녹은 바윗물이 뒤흔드는 바람에 지각이 산산조각 난 것이다. 용암과 녹은 바윗물의 이런 움직임을 대류 흐름convection flow이라고 한다. 이 흐름이 지각판을 이리저리 흔들며 대륙을 움직이고, 새로운 산과 바다를 만들고, 수없이 많은 지진과 화산 폭발을 일으켜 지구의 얼굴을 계속 바꾸었다.

넓은 냄비에 들어 있는 클램 차우더clam chowder[4]를 상상해보자. 부엌에서 불어오는 차가운 공기가 수프 꼭대기에 더껑이를 만든다. 하지만 그 아래 액체 속에서는 거품이 일고 있다. 이 거품이 너무 거세지면 더껑이를 뚫고 올라와 더껑이 덩어리를 냄비 주위로 밀어낼 수 있다. 요컨대 이것이 바로 지각판 구조다.

오존층과 최초의 눈덩이 지구

대기 중 산소 농도의 증가가 25억 년 전에 멈춘 것은 아니다. 오히려 가속되었다. 산소가 바다에서 뿜어져 나오면서 농도가 계속 증가했다. 그

---

4 대합을 넣어 끓인 야채수프.

러다가 22억 년 전 산소가 대기층 상부에 진입하기 시작했다. 태양에서 나오는 열 때문에 광분해photolysis 과정을 통해 산소O_2가 오존O_3으로 바뀌었다.

광분해란 태양이 산소 분자를 원자 두 개로 쪼개고, 거기서 나온 단일 산소 원자가 다른 O_2 분자와 결합해서 O_3를 만드는 과정이다. 이렇게 만들어진 오존의 층이 지구를 담요처럼 뒤덮기 시작했다. 이것이 오존층이다. 이 층이 기존에는 지표면을 뜨겁게 달구던 태양 광선을 상당 부분 우주로 반사했다.

오존층의 형성을 막을 것이 거의 없었기 때문에 오존층 담요는 점점 더 두꺼워졌다. 지표면에 도달하는 태양열이 줄어들자 지구 전체가 냉각되기 시작했다.

북극과 남극에서 바다가 얼기 시작하면서 두꺼운 얼음층이 형성되었다. 하지만 거기서 그치지 않고 얼음판이 양쪽 극지방에서 적도를 향해 내려오기 시작했다. 이렇게 얼음판이 영역을 넓힐 때마다 눈으로 뒤덮인 하얀 얼음이 햇빛을 훨씬 더 많이 우주로 반사하기 시작했다.

그로 인해 기온이 곤두박질치면서 지구가 얼어붙는 과정이 훨씬 격렬해지고 속도도 빨라졌다. 이때 지구 전체의 평균 기온은 섭씨 영하 50도 정도였다. 그리하여 결국 두께가 몇 미터나 되는 거대한 얼음판 두 장이 적도에서 만나 하나로 이어졌고, 지구는 얼음 무덤 안에 갇혔다. 이 시기를 '눈덩이 지구Snowball Earth'라고 부른다.

진핵생물의 등장

25억~20억 년 전 일부 미생물이 산소를 이용해 에너지를 생산하는 능력을 진화시켰다. 이 과정을 호흡respiration이라고 한다. 광합성 생명체가 물과 이산화탄소를 에너지로 전환하면서 산소를 폐기물로 내놓는 것과 달리 호흡 세포 혹은 유산소aerobic 세포는 산소를 취하고 물과 이산화탄소를 폐기물로 내놓았다. 이 단세포 생명체가 대기 중에 녹아 있던 산소를 먹어 치우기 시작했다.

20억 년 전 눈덩이 지구는 살아 있는 모든 생물 종에 부담을 주었고, 새로 태어난 산소 소비자들은 넉넉지 않은 환경에서 살아남아야 했다. 이들은 결국 원핵생물보다 훨씬 더 복잡한 단세포 구조인 진핵생물eukaryote로 진화했다. 일단 산소를 소화할 수 있는 능력을 진화시키자 세포는 산소를 이용해 훨씬 많은 에너지를 얻을 수 있었다. 따라서 이런 우람한 세포의 진화에 연료를 공급할 에너지도 충분해졌다.

진핵생물은 10~1,000배 정도 더 컸다. 그중 가장 큰 것은 맨눈으로도 거의 보일 정도로 컸지만, 대부분은 여전히 현미경으로 봐야 할 만큼 작았다. 원핵생물과 달리 진핵생물은 자신의 DNA를 세포핵으로 보호했다. 세포는 세포골격cytoskeleton이라는 지지 구조물(텐트의 형태를 잡아주는 텐트폴과 같은 역할)을 갖고 있다. 진핵생물은 다양한 종으로 이루어진 아주 강인한 역domain[5]이었다. 이들은 구조나 에너지의 복잡성 면에서도 조금 증가했다. 그 덕분에 가혹한 눈덩이 지구 시기에 살아남을 수 있었다.

마침내 지구를 뒤덮고 있는 얼음장을 뚫고 화산이 분출하면서 대기 중에 다시 이산화탄소를 뿜어내기 시작했다. 이것이 지구 온난화를 불러왔다. 서서히 얼음판이 물러나면서 지표의 바위와 해저에 붙잡혀 있던 이산화탄소가 대기로 방출되기 시작했다. 주기가 역전된 것이다. 이렇게 당장은 눈덩이 지구 단계가 끝나면서 유산소 생물 종과 무산소 생물 종 모두 번성했다.

섹시한 진핵생물

눈덩이 지구가 물러난 뒤 진핵생물들 앞에는 수천 개의 새로운 생태적 지위가 열렸다. 어떤 진핵생물은 미토콘드리아mitochondria라는 새로운 세포 소기관organelle(단세포 생명체 안에 들어 있는 소형 기관)을 이용해 계속 산소 호흡을 했다. 어떤 진핵생물은 광합성 생명체로 진화해 미토콘드리아 대신 엽록체chloroplast라는 세포 소기관을 갖게 되었다. 전자는 동물

---

5 생물의 분류에서 가장 높은 계급으로 진핵생물역, 진정세균역, 고세균역이 있다. '계kingdom'보다 높은 계급이다.

의 조상이고, 후자는 식물의 조상이다. 인간은 데이지꽃이든 바나나든 생명의 가계도 식물 가지에 속하는 모든 생명체와 적어도 30퍼센트의 DNA를 공유하고, 다른 동물과는 훨씬 더 많은 양의 DNA를 공유한다.

약 15억 년 전 일부 재앙과 생태적 고난 시기가 찾아와(그 원인은 분명치 않다) 진핵생물의 먹이가 부족해졌다. 지역적 위기였을 수도 있고, 지구 전체의 위기였을 수도 있다. 먹이가 부족해지자 진핵생물들은 서로 잡아먹으면서 동종포식으로 생존했다.

이런 동족포식 과정 중 일부 사례에서 우연히 DNA 교환이 이루어진 것이 틀림없다. 간단히 말하자면, 이 한니발 렉터Hannibal Lecter스러운 행동이 세계 최초의 섹스 비슷한 것이었다는 의미다. 대략 15억 년 전까지는 모든 진핵생물이 원핵생물처럼 자기복제를 통해 번식했다. 하지만 이제 일부 진핵생물은 섹스를 한다. 유성생식sexual reproduction이 갖는 진화적 이점은 상당하다. DNA를 교환함으로써 엄청난 유전적 다양성을 확보할 수 있다. DNA 돌연변이 빈도도 2배로 늘어나고, 두 부모 세포로부터 나온 유전자가 뒤섞여 유리한 결과를 낳는다. 그래서 진화가 더 빠른 속도로 일어났다.

최초의 '섹시한 진핵생물'도 일반 세포들처럼 여전히 세포분열을 했다. 하지만 이들은 자신의 모든 DNA를 통째로 정확하게 복사하는 대신 절반만 복사했다. 그런 다음 짝짓기할 파트너를 찾아 새로운 생명체를 만드는 데 필요한 염색체의 개수를 채워 넣었다. '짝'을 찾지 못한 단세포 생명체는 죽어서 사라졌다.

이 과정에 따라오는 진화의 장점이 상당히 많았기 때문에 새로운 온 갖 전략과 행동이 탄생했고, 결국에는 이것이 본능에 새겨졌다. 일단 다세포 생명체로 발전하자 생명체는 짝을 차지하기 위해 경쟁하기 시작 했고, 이것이 종 전체의 행동 진화에 영향을 미쳤다. 섹스를 해서 번식 하려는 욕구가 생명체의 본능에 워낙 깊이 새겨져, 충분히 오래 살아남 아 짝을 유혹해서 번식하는 것, 즉 섹스가 삶의 일차적 동기 중 하나로 자리 잡았다. 진화에서 섹스가 워낙 만연해 막강한 힘을 발휘하다 보니 섹스가 복잡한 생물 종이 갖고 있는 압도적 대다수 특성과 본능을 좌우 하게 되었다(그리고 그 결과로 생명체들이 더 프로이트스러워졌다). 사람의 경 우 이런 본능이 행동 방식, 합리화된 우선적 목표, 그리고 문화와 사회 의 구성 방식에까지 스며들었다.

마지막 눈덩이 지구(부디 마지막이길)

광합성 생명체가 지나친 양의 산소를 대기로 뿜어내는 성향이 지난 10억 년 동안 다시 반복되었다. 대기로 이산화탄소를 방출해 산소의 영향을 상 쇄해줄 화산 활동이 그리 많지 않을 때는 이 문제가 특히 심각해졌다. 그 결과 지난 10억 년 동안 다시 두 번의 눈덩이 지구 단계를 경험했다. 눈덩이 지구는 그냥 빙하기 수준이 아니라 지구가 하나의 얼음층으로 완전히 둘러싸인 경우를 말한다. 한 번은 약 7억 년 전이고, 또 한 번은 6억 5,000만 년 전에 시작해 6억 3,500만 년 전에 끝났다.

마지막 눈덩이 지구가 지구에 또 다른 고난을 안겨주었다. 유성생식을 하도록 진화한 진핵생물들은 이런 가혹한 환경에 더욱 신속하게 적응할 수 있었다. 이런 '섹시한 진핵생물' 중 일부는 무리를 이루어 미생물들이 각자 서로 다른 기능을 담당하는 일종의 공생을 했다. 그 덕분에 꽁꽁 얼어붙은 추운 환경에서도 무리에 속한 모든 개체가 생존할 수 있었다.

이 마지막 눈덩이 지구가 공생에 불을 댕겼다. 이제 진핵생물들은 그저 무리를 이루어 공생하는 수준에서 그치지 않았다. 각각의 미생물 집합체들이 무리 속에서 자신의 임무에 고도로 특화됨에 따라 한 종의 진핵생물이 다른 종의 진핵생물 없이는 살 수 없는 지경에 이르렀다. 이렇게 마지막 눈덩이 지구의 진화압 아래에서 최초의 다세포 생명체(식물, 동물, 균류의 조상)가 탄생했다.

다세포 생명체

결국 단세포 생명체들 간 공생이 워낙 끈끈해 문턱을 지나 다세포 생명체로 넘어가는 순간이 찾아왔다. 예를 들어, 당신은 간세포肝細胞들과 공생만 하는 것이 아니다. 당신이 쇼핑 갈 때 간이 당신을 따라 땅바닥을 기어다닐 수는 없다. 간은 당신과 불가분의 관계로 얽혀 있기 때문에 당신과 간은 사실상 하나의 구조체, 하나의 생명체다.

다세포 생명체는 수조 개의 세포가 모여 있는 집합체로, 각각의 세포는 DNA에 의해 다르게 작용하고, 한 가지 기능을 수행하며, 비슷한 세포들끼리 합쳐져 기관을 형성한다. 기관 자체는 순환계, 호흡계, 소화계 등과 같은 복잡한 네트워크의 조각들로 이루어져 있다.

이런 차이의 척도가 어떤 것인지 짐작해보자. 사람 몸에는 37조 개의 세포가 있다. 우리은하에 있는 항성의 수는 대략 4,000억 개에 불과하다. 따라서 사람의 몸 하나에는 세포로 이루어진 은하가 대략 92.5개 존재하는 셈이다. 기본 구성 요소의 복잡성이나 복잡한 구조로 따지면 지금까지 우리 이야기에 등장했던 그 무엇도 여기에 비할 수 없다.

다세포 생명체는 고장 날 수 있는 가동 부품이 많다. 따라서 이렇게 더 복잡해지는 것이 진화적으로 항상 유리한 것은 아니다. 복잡성이 커질수록 취약성도 커진다. 지구의 생명체 대다수가 여전히 단세포 생명체로 존재하는 이유도 이 때문이다. 종은 환경에 의해 더 복잡한 생명체로 진화하라는 압력을 받을 때만 그렇게 진화한다.

더 넓게 보면 우주 대부분이 꽤 단순한 상태로 남아 있고, 원자로 구성된 물질 대부분이 수소인 이유도 같은 논리로 설명할 수 있다. 여러 면에서 볼 때 복잡성은 법칙이 아니라 예외에 해당한다. 모든 복잡성은 결국 빅뱅 이후 찰나의 순간 나타났던 티끌같이 작은 불균질 에너지 덩어리들로 거슬러 올라가는데, 당시 우주의 99.9999999999999퍼센트는 이미 에너지가 균질하게 분포해 있었다. 균질하다는 것은 한마디로 죽어 있다는 의미다.

생물학적 복잡성

복잡성을 창조하거나, 유지하거나, 증가시키기 위해서는 에너지가 많은 곳에서 적은 곳으로 흘러야 한다. 생명체가 자신의 복잡성을 유지하며 죽음을 피해가려면 항성 같은 존재보다 크기에 비해 더 밀도 높은 에너지 흐름이 필요하다.

- 태양: 2erg/g/s(그램당 초당 자유 에너지 단위)
- 전형적인 미생물: 900erg/g/s
- 나무: 10,000erg/g/s
- 개: 20,000erg/g/s

38억 년 전에 생긴 유기물 진흙탕 속 미생물이 항성만큼 당당하지는 않겠지만(어쨌거나 미생물은 현미경으로 봐야 할 만큼 작고 지극히 나약한 존재니까), 단세포가 자신의 부품들을 유지하기 위해서는 더 많은 에너지가 필요하다.

빅뱅 이후 등장했던 물질과 에너지의 첫 불균질성에서 항성, 행성, 그리고 이제는 생명체로 이어지는 동안 작은 복잡성 포켓들이 에너지 밀도라는 면에서 점점 더 밝아지고 있다. 이런 경향은 우리 이야기의 나머지 부분에서도 계속 이어질 것이다.

하지만 생명은 에너지 흐름에 대한 수요 증가를 어떻게 충족시킬까? 간단하다. 능동적으로 찾아 나서야 한다. 항성은 수십억 년 동안 우주 공간을 떠다니면서 자기가 갖고 있는 연료를 태워 없애는 것만으로 만족하는 반면, 살아 있는 존재는 생존을 이어가기 위해 새로운 에너지 흐름을 능동적으로 찾아 나서야 한다. 생명체는 화학합성chemosynthesis, 광

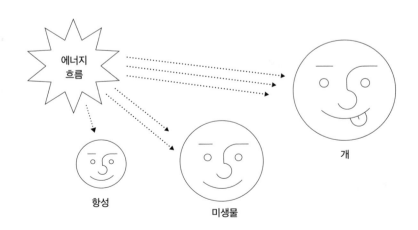

에너지
흐름

항성

미생물

개

합성, 풀떼기 우적우적 씹어 먹기, 사냥하기, 과음하고 새벽 2시에 맥도 날드 햄버거 가게 찾아가기 등의 행동을 통해 그 일을 완수한다. 하지만 항성이 배가 고프다고 우주를 여기저기 떠다니며 헬륨 가스 구름을 사냥하는 모습은 볼 수 없다. 능동적으로 에너지를 찾아 나서는 것은 살아 있는 생명체의 핵심적 특성 중 하나다.

또한 우리 이야기에서 이 시점부터 역사적 주체의식이 점점 커진다는 의미이기도 하다. 우리는 더 이상 수동적이고, 생명 없는 우주에 버려져 조용히 자신의 운명을 기다리는 존재가 아니다. 우리는 자라고, 변화하고, 혁신하고, 가능하면 자신의 죽음을 피해갈 능력을 습득했다. 복잡성은 더 이상 고분고분하게 죽음을 받아들이지 않는다.

이 시점 이후 생존을 위한 우리의 투쟁이 펼쳐진다. 그리고 복잡성이 클수록 그 투쟁에서 이길 가능성도 높아진다.

5장

폭발과 멸종

다세포 생명체가 바다에서 번성한다. 눈, 척수, 뇌가 진화한다. 식물, 이어서 절지동물, 이어서 척추동물이 천천히 땅 위로 모험을 감행한다. 신속한 진화를 통해 이상하고 기이한 신종들이 출현하고 뒤이어 멸종 사건이 따라온다. 다윈이 말하는 '이빨과 발톱'의 호황/불황 주기를 거치며 복잡성의 증가가 정체기로 접어든다.

이제 전형적 의미의 진화를 만난다. 다세포 생명체들이 생존을 위해 싸우며 진화하는 '피로 물든 이빨과 발톱'의 진화 말이다. 전례 없는 수준의 복잡성이 출현한 단계다. 빅뱅 이후 지금까지의 변화는 수십억 년에서 수억 년 단위로 측정했지만, 진화적 변화는 그보다 훨씬 빨리 일어난다. 이렇게 점점 빨라지는 변화 속도는 고차원적 복잡성에서 나타나는 또 다른 부작용이다. 그리고 주변 환경에 미치는 영향도 그만큼 더 깊어진다. 그런 면에서 보면 지난 6억 3,500만 년은 정말 다사다난했다.

6억 3,500만~6,600만 년 전 시기의 가장 큰 특징은 폭발과 멸종이다. 생명이 혁명적인 새 특성을 발전시켜 환경 속에서 새로이 수많은 생태적 지위를 열어젖힘에 따라 새로운 진화가 폭발적으로 이루어지기도 하고, 재앙 같은 멸종 사건으로 수많은 종이 전멸하면서 생긴 생태적 지위의 빈자리를 다른 생명이 신속하게 채워 넣기도 한다. 이런 일이 일어날 때마다 무언가 새로운 것이 출현한다.

하지만 운명으로 정해져 있는 것은 아무것도 없었다. 우리가 아예 진화해 나오지 않았을 가능성도 얼마든지 존재한다. 수억 년 전 잘 조준된 소행성 하나가 지구와 충돌했다면 지구 위에서 진행되었던 생명의 실험 전체가 그 자리에서 바로 막을 내렸을지도 모른다.

완전히 다른 이야기가 전개되었을지도 모를 수억 년의 진화, 여차하면 살아남지 못했을 수도 있는 수천 명의 인류 조상, 그리고 거기에 수십억 마리의 정자 중 나를 만든 바로 그 정자 한 마리의 확률까지 모두 따져보면 내가 이 우주에 존재하는 것 자체가 정말 엄청난 기적이라고 할 수 있다.

다원주의적 세상은 정의상 잔혹하다. 멸종은 진화에서 필수적인 요소다. 자연선택에 의해 한 생명체의 유용한 특성이 선택받기 위해서는 그

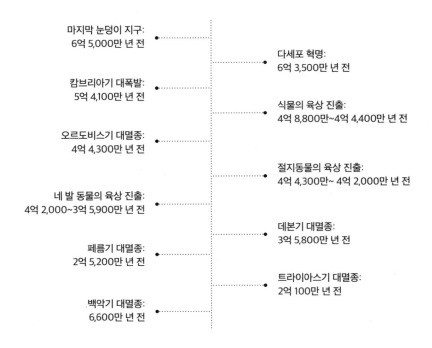

마지막 눈덩이 지구:
6억 5,000만 년 전

다세포 혁명:
6억 3,500만 년 전

캄브리아기 대폭발:
5억 4,100만 년 전

식물의 육상 진출:
4억 8,800만~4억 4,400만 년 전

오르도비스기 대멸종:
4억 4,300만 년 전

절지동물의 육상 진출:
4억 4,300만~ 4억 2,000만 년 전

네 발 동물의 육상 진출:
4억 2,000~3억 5,900만 년 전

데본기 대멸종:
3억 5,800만 년 전

페름기 대멸종:
2억 5,200만 년 전

트라이아스기 대멸종:
2억 100만 년 전

백악기 대멸종:
6,600만 년 전

와 경쟁을 벌이는 일군의 생명체가 반드시 없어져야 한다. 환경에 존재하는 생태적 지위와 자원은 제한되어 있기 때문이다. 지금까지 존재했던 모든 종 가운데 99.9퍼센트는 멸종되고 없다. '자연선택'은 조금 오해가 있는 용어다. 자연이 능동적으로 무언가 선택한다기보다 선택받지 못한 나머지 생명을 모두 제거하는 것이기 때문이다.

우리는 바로 그런 경쟁에서 살아남은 존재다.

에디아카라기(6억 3,500만~5억 4,100만 년 전)

마지막 눈덩이 지구가 물러난 뒤 화산이 이산화탄소를 내뿜어준 덕분에 대기의 산소 농도가 떨어졌다. 그 결과 기후가 극적으로 따뜻해졌다. 그리고 최초의 다세포 생명체가 바다에서 형성되었다. 하지만 아직 육지에서는 다세포 생명체의 흔적을 찾아볼 수 없고 화성만큼 황량한 바위투성이였다.

에디아카라기의 화석을 찾기는 어렵다. 대부분 생명체가 부드럽고 물컹거리는 형태였기 때문이다. 이들은 아직 탄산염 껍질과 뼈를 진화시키지 못했다. 이런 것은 캄브리아기에 가서야 생긴다. 최초의 다세포 생명체 종은 소박했다. 그냥 새로운 종류의 생명체를 형성하기 위한 서투른 시도에 불과했다고 할 수도 있을 것이다.

자연선택은 이런 구조의 생명체를 상대로 일해본 적이 없었다. 그 결과 이 생명체는 아주 기이한 모습이었고, 뒤이어 나온 생명체와도 닮은 점이 거의 없었다.

예를 들어, 동물계에는 에디아카라Ediacara로 분류되는 생명체가 있었는데, 산호와 해파리의 중간으로 보이는 젤리 같은 이상한 구조의 생명체였다. 그리고 아르카루아Arkarua라는 동물은 해저에 사는 누비이불처럼 생긴 이상한 원반 모양의 생명체였다. 이들에게 입과 항문이 보이지 않는 것으로 보아 피부를 통해 먹이를 흡수하고, 폐기물도 마찬가지로

에디아카라 |

피부를 통해 배출했을 가능성이 높다. 그 외에 원시 지렁이처럼 생긴 프테리디니움Pteridinium과 기다란 수중 고사리처럼 생긴 차르니아Charnia도 있었다.

에디아카라기의 동물들은 거의 모두 이동수단을 갖고 있지 않았다. 하지만 일부는 해저를 떠다니며 찾아낸 먹이를 뜯어먹었는지도 모른다. 어쨌든 이때는 기묘한 시기였다. H. P. 러브크래프트Lovecraft같이 기묘한 공상과학을 좋아하는 작가라면 아마도 에디아카라기에 열광했을 것이다.

캄브리아기(5억 4,100만~4억 8,500만 년 전)

캄브리아기에는 다세포 생명체 종들이 새로운 생태적 지위를 찾아 들어가며 아주 빠른 진화가 이루어졌다. 이 과정은 5억 4,100만 년 전에 시작해 1,500만 년 정도 지속되었다. 이 시기에는 딱딱한 외골격과 껍데기가 진화한 덕분에 화석이 풍부하게 남아 있다. 이 화석들은 게, 바닷가재, 곤충, 거미류 등의 조상인 절지동물이었다. 그러니까 소름 끼치게 징그러운 생명체이거나 제일 값비싼 생명체였다.

우선, 눈이 진화해 나왔다. 눈은 처음에 아주 원시적인 감각 도구였다. 동물은 눈을 빛의 변화와 운동을 감지하는 데 사용했다. 이 혁신이 그대로 고착되었기 때문에 모든 동물이 눈을 갖게 되었다. 심지어 박쥐, 두더지, 심해어같이 눈을 사용할 일이 없게 새로 진화해 나온 종까지 모두 눈을 갖고 있다. 하지만 눈이 모두 같은 방향으로 진화한 것은 아니다. 예를 들면, 연체동물은 머리의 중심부가 아니라 몸통을 따라 여러 개의 눈을 갖고 있다. 개미나 거미의 눈도 우리와 아주 다르다. 사람과 개처럼 아주 가까운 친척 관계인 종에서도 시력의 특성이 제각각이다.

절지동물 중 가장 성공적인 집단은 삼엽충trilobite에 속하는 여러 종이었다. 캄브리아기 동안 삼엽충 종의 크기는 5~35센티미터 정도였고, 세균에서 식물, 다른 동물에 이르기까지 다양한 것을 먹고 살았다. 이

삼엽충 |

들은 수백, 수천 마리씩 떼를 지어 다니기도 했다. 삼엽충은 계속 다양해지며 2억 5,200만 년 전 페름기 대멸종 때까지 존재했다.

척삭동물Chordate(우리의 조상)의 출발은 보잘것없었다. 최초의 척삭동물은 5억 3,000만 년 전에 진화해 나왔다. 지렁이와 비슷하게 생기고 뱀장어처럼 헤엄치던 피카이아Pikaia가 시작이었다. 피카이아의 길이는 몇 센티미터에 불과했고, 몸의 축을 따라 연골로 만들어진 막대기를 하나 갖고 있었다. 이것이 원시적 형태의 척추다. 이 동물이 척추동물vertebrate의 조상이 되었다.

이 동물은 헤엄치는 방식 때문에 몸의 한쪽 끝은 항상 앞쪽을 향하면서 먹이나 위험과 맞닥뜨렸다. 이로 인해 머리발달cephalisation이 일어났다. 머리발달이란 감각기관이 점점 더 몸의 한쪽 부분으로 모이는 과정을 말한다. 그래서 신경이 연골을 따라 머리로 이동했다. 이것이 뇌 진화의 첫걸음이다. 머리발달 경향이 5억 2,500만 년 전까지 이어져 하이코우이크티스Haikouichthys가 진화해 나온다. 이것은 확인 가능한 캄브리아기 최초의 무악어류jawless fish 중 하나다.

캄브리아기에 나타난 또 다른 혁신은 포식predation의 발명이다. 대략 5억 2,000만~5억 1,500만 년 전에 살았던 아노말로카리스Anomalocaris는 길이가 거의 1미터에 이르는 사나운 절지동물이었다(이에 비하면 다른 대부분의 캄브리아기 생명체는 난쟁이나 다름없다). 이 동물은 갑옷 같은 외골격을 갖추고, 앞쪽에 가시가 돋고, 대상을 움켜쥘 수 있는 육중한 앞발이 두 개 있었다.

아노말로카리스는 바다에서 방심하고 있는 먹잇감을 퍼 올려 앞발에 돋은 가시로 찌른 후 아래로 향한 입으로 가져가서 먹었다. 재미있게도 아노말로카리스라는 이름은 대략 '이상한 새우' 혹은 '이상한 바닷게'라는 뜻의 라틴어에서 유래했다.

여러 면에서 볼 때 포식은 자연의 에너지 흐름에서 필연적으로 등장할 수밖에 없는 진화적 확장이었다. 태양 에너지를 먹고, 화학물질을 먹고, 식물을 먹고, 곰팡이처럼 죽은 것을 먹을 수도 있다면 이 모든 것을 먹는 다세포 생명체를 잡아먹는 방법이 진화하지 못할 이유가 없다. 아노말로카리스가 먹잇감을 가시로 찔러서 잡아먹는 것이 사람의 눈에

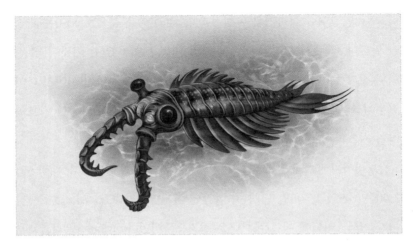

아노말로카리스 |

악랄하게 보이는 이유는 우리가 잡아먹히는 것을 피하려는 본능을 갖고
있기 때문이다. 에너지 흐름 과정에 우리가 무해하다거나 악랄하다고
이름 붙이는 것은 진화적 본능과 관점에 의해 빚어진 주관적 판단이다.
이런 주관적 속성 때문에 채식을 하는 사람과 육식을 하는 사람 사이의
윤리적 토론이 복잡해지고 다원주의적 세상의 타고난 잔혹성에 대한 시
각도 달라진다.

포식의 출현으로 진화의 군비경쟁이 시작되었다. 아노말로카리스 같
은 포식자에 반응해 일부 삼엽충 종들은 포식자가 잡아먹지 못하게 단
념시키려고 외골격에 가시를 발달시키기 시작했다. 어떤 삼엽충은 몸
을 둥글게 말아 자신을 보호하는 법을 학습했다. 그리고 위장술이나 신

속한 이동 능력을 발전시켜 감지를 피하거나 위험을 피해 달아나기도 했다. 포식자와 먹잇감 사이의 진화적 군비경쟁은 오늘날까지도 계속 이어지고 있다.

오르도비스기(4억 8,500만~4억 4,400만 년 전)

오르도비스기에는 대기에 이산화탄소가 요즘보다 10배나 많을 정도로 과잉공급되어 있었다. 오르도비스기 초기에는 바다의 평균 온도가 목욕물 온도와 비슷했다(섭씨 35~40도). 그러다가 4억 6,000만 년 전 무렵 바다의 평균 온도가 섭씨 25~30도로 내려갔다. 현재 열대바다의 수온과 비슷한 수준으로, 여전히 따뜻했다.

문어와 불가사리의 첫 조상이 등장했다. 따뜻한 바다에서는 산호초가 형성되었다. 굴, 조개, 바다우렁이의 조상들도 모두 크게 늘어났다. 최초의 바다전갈도 등장했다. 그중에는 요즘 전갈만 한 것도 있고, 사람 정강이 길이만 한 것도 있었다. 통틀어보면 오르도비스기에는 캄브리아기에 비해 해양 생물 종의 수가 4배 정도 많아졌다.

한편 다세포 생명체가 처음 육상으로 진출하기 시작했다. 그 주체는 식물이었다. 해안이나 강에서 사는 아주 단순한 조류algae로 시작한 이 조류는 키가 10센티미터를 넘지 않는 작은 잡초 비슷한 구조물로 진화했다. 이 식물은 곰팡이와 공생 관계를 맺어, 곰팡이가 식물에 미네랄을 제공하며 식물 뿌리 가까이 붙어서 살았다.

눈덩이 지구 이후의 첫 대멸종이 다가왔다. 육상식물 덕분에 지구의 산소 농도가 다시 증가하기 시작해 추위를 불러왔고, 이 때문에 따뜻한 물에 사는 종들이 죽었다. 하지만 그 기간은 길지 않았다. 대기의 이산화탄소 농도가 빠른 시간 안에 예전 수준으로 돌아와 다시 세상을 따뜻하게 덥혀주었다. 그로 인해, 추운 조건에 적응하도록 진화한 종들은 죽고 말았다.

전체적으로 해양 생명체의 70퍼센트가 소멸했고, 그렇게 해서 생긴 생태적 지위의 빈자리는 살아남은 생명체들이 진화해서 채워 넣었다.

실루리아기(4억 4,400만~4억 2,000만 년 전)

식물은 육지로의 진군을 계속 이어갔고, 작은 관목과 이끼류가 등장했다. 대부분 땅은 여전히 바위투성이였고, 물이 나오는 근처에만 작은 숲들이 조금씩 보였다.

균류, 즉 곰팡이가 땅에서는 더 빠른 속도로 퍼져나갔다. 그중에는 몇 미터 높이로 자라는 것도 있었다. 식물의 뿌리가 아직 원시적이어서 바위투성이 땅을 파고들 수 없었지만, 균류는 말 그대로 바위를 파먹고 들

실루리아기의 유악어류 |

어가면서 이 시기에 번성했다.

바다에서는 일부 어류가 턱을 진화시켰고, 척추의 관절도 더 발전했다. 유악어류jawed fish는 얼마 지나지 않아 최초의 상어로 진화했고, 다른 어류가 더 신속한 반사반응과 복잡한 뇌를 발전시키면서 진화의 군비 경쟁도 계속 이어졌다.

실루리아기에는 절지동물(곤충, 바닷가재 등)도 육지에 올라왔다. 오르도비스기 대멸종 사건의 압력으로 바다에서 쫓겨난 최초의 육상 절지동물들은 죽은 식물과 살아 있는 식물을 모두 먹이로 삼았다. 예를 들어, 4억 2,800만 년 전에 살았던 프네우모데스무스Pneumodesmus는 죽은 식물을 먹는 1센티미터 정도 길이의 고대 노래기였다. 그리고 이 채식 절지동물이 나오고 얼마 안 되어 절지동물 포식자가 등장했다. 그중에는 거미처럼 생긴 최초의 거미류도 있었다.

실루리아기의 산소 농도는 15퍼센트 정도로 꽤 낮게 유지되었기 때문에, 이 포식자들의 크기도 불과 몇 센티미터 정도로 작았다. 실루리아기는 균류 곰팡이가 지배하는 왕국에 작은 벌레와 작은 식물들이 사는 세상이었다.

데본기(4억 2,000만~3억 5,800만 년 전)

기후가 온화해져서 아마 극지방에도 얼음이 없거나 거의 없었을 것이다. 적도에 형성되는 사막을 제외하면 지표면 대부분이 수풀이 무성한 열대지역이었을 것이다. 균류가 10미터 높이까지 이르는 탑과 더미를 형성해서 부드러운 흙을 점점 더 많이 만들어냈고, 식물의 뿌리는 이런 흙을 뚫고 들어갔다. 고사리와 이끼도 강변 물가 너머로 왕성하게 뻗어나가, 지구가 마침내 신록의 세상으로 변했다.

4억 1,000만 년 전경에는 14미터 높이까지 자라는 식물이 생겨났고, 3억 8,000만 년 전경에는 일부 식물이 목질wood을 진화시켜 줄기를 강화한 덕분에 거대한 높이를 유지할 수 있었다. 햇빛을 차지하려고 서로 경쟁해 더 높이 자라기도 했다. 마침내 최초의 진정한 숲이 생겨났다.

데본기 바다전갈 |

바다에서는 종의 다양화가 엄청나게 진행되었다. 어류들은 더 크고 건장한 몸으로 자라기 시작해, 어떤 것은 길이가 3~7미터에 이르기도 했다. 이들은 지느러미줄ray fin과 엽지느러미lobe fin, 그리고 더욱 정교한 신체 구조를 발달시켰다. 상어의 숫자도 엄청나게 많아졌다. 바다전갈은 무려 2.5미터까지 자라났다.

거미는 거미줄을 쳐서 먹잇감을 잡는 능력을 발전시켰다. 이 시기에 하늘을 나는 절지류가 등장해 그런 이동 능력에 따르는 이점을 누리기 시작했다. 하늘에서 윙윙거리는 소리가 나기 시작한 것이다.

데본기의 가장 심오한 변화는 육상 네 발 동물(혹은 최초의 척추동물)의 등장이다. 이 동물이 우리의 조상이다.

3억 8,000만 년 전에 최초의 폐어lungfish가 등장했다. 이들의 머리 꼭 대기에는 구멍이 있었는데, 공기가 원시적인 폐로 들어올 수 있는 각도를 유지하고 있었다. 최초의 폐어는 강력한 앞지느러미를 가지고 있어 얕은 곳에서는 이 앞지느러미로 바닥을 기어다니며 먹이를 찾을 수 있었다. 물속을 기어다니고 싶은 충동은 차츰 물가를 기어다니고 싶은 충동으로 바뀌어갔다.

3억 7,500만 년 전 즈음에는 틱타알릭Tiktaalik이 등장했다. 이 동물은 공기로 숨을 쉬고 앞뒤로 강력한 지느러미를 갖고 있으며 운동을 보조해주는 원초적인 고관절도 있었다.

3억 7,000만 년 전 즈음 우리는 이크티오스테가Ichthyostega 같은 측계

초기 네 발 동물 |

통 네 발 동물stem-tetrapods로 바뀌었다. 길이가 1~1.5미터 정도인 이 동물은 얕은 늪지에서 헤엄치던 최초의 원시 양서류proto-amphibian였다. 이 조상들의 머리뼈에 난 구멍이 콧구멍으로 진화했다. 이 동물은 초기 네 발 동물의 전형으로, 네 개의 다리와 다섯 개의 발가락을 갖고 있었다. 현존하는 모든 육상 척추동물도 이와 같은 수의 다리(팔)와 발가락(손가락)을 갖고 있다. 최소한 흔적기관이라도 갖고 있다. 인간, 개구리, 개, 고양이, 말, 도마뱀, 곰, 심지어 뱀도 여기에 해당한다. 뱀 같은 극단적인 사례에서도 이 다리가 아직 흔적기관으로 남아 있다. 거의 알아차리지 못할 정도로 크기가 줄어들었을 뿐이다.

데본기 말엽에는 식물들이 산소를 너무 많이 뿜어내 행성을 냉각, 건조시켰다. 그로 인해 유일한 네 발 동물이었던 양서류도 말라죽었다. 그들 중 대략 95~97퍼센트가 절멸했다. 도롱뇽에서 올빼미, 인간에 이르기까지 현존하는 다양한 네 발 동물이 모두 이때 살아남은 3~5퍼센트 생물 종의 후손이다. 한편, 이때의 기후 변화로 인해 해양 생물의 50퍼센트 정도가 죽었다.

석탄기(3억 5,800만~2억 9,800만 년 전)

석탄기의 거대한 나무들 때문에 산소 농도가 35퍼센트까지 올라갔다(오늘날 산소 농도는 21퍼센트). 지구는 석탄기의 숲으로 뒤덮였다. 어떤 나무는 높이가 50미터까지 자라기도 했다. 이들은 대기로 너무 많은 산소를 뿜어내 스스로 종말을 야기했다. 산소 농도가 높아 대형 산불이 빈번하게 일어났다. 그로 인해 거대한 땅덩어리가 말라붙으면서 더는 숲이 자라나지 못했다. 이렇게 죽어 층층이 쌓인 나무들이 우리가 오늘날 사용하는 거대한 석탄층을 형성했다.

산소 농도의 증가로 날개폭이 1미터나 되는 거대한 잠자리, 길이가 2미터에 이르는 대형 육상 전갈, 거대한 땅거미, 거대한 바퀴벌레, 그리

석탄기의 거대 곤충들 |

고 길이 2미터에 넓이 50센티미터나 되는 거대한 노래기 등 거대 절지동물이 탄생했다. 석탄기는 시간여행 공포영화를 찍기에 정말 안성맞춤일 것이다.

최초의 파충류는 3억 5,000만~3억 1,000만 년 전에 진화했고, 건조한 기후로 석탄기의 숲이 붕괴한 이후로는 진화가 더욱 치열해졌다. 파충류는 피부가 딱딱하고 질겨 수분을 별로 잃지 않기 때문에 물이 풍부한 곳을 떠나 내륙으로 더 깊숙이 진출할 수 있었다. 심지어 사막 기후에서도 생존할 수 있는 것들은 차츰 숫자를 불려갔다. 이들은 껍데기가 딱딱한 알을 낳기 시작해, 번식을 위해 물로 돌아갈 필요가 없어졌다.

페름기(2억 9,800만~2억 5,200만 년 전)

산소 농도가 23퍼센트로 줄어들면서 벌레들의 크기도 줄어들었다. 몸집이 큰 종은 생존에 더 많은 산소가 필요하기 때문이었다. 페름기에 가장 크게 성공한 절지동물은 바퀴벌레의 조상이었다. 이 시기에는 이 곤충이 곤충생물군에서 압도적 다수를 이루었다. 사막도 바퀴벌레 천지였다. 윽!

파충류도 번성했다. 페름기에 포유류와 공룡의 조상은 각각 단궁류 Synapsids와 석형류Sauropsids였다. 원시 포유류인 단궁류는 여전히 파충류

와 매우 비슷한 모습이었다. 이들은 젖샘mammary gland으로 새끼를 키웠
다. 이들 중 상당수는 바퀴벌레를 잡아먹고 살았다. 바퀴벌레의 맛이
어땠는지는 이야기가 없다.

단궁류로부터 수궁류Therapsids가 진화했다. 이들은 에너지가 넘치고
움직임도 날렵했다. 그래서 체온도 더 높았다. 즉, 온혈동물이었다. 온
도를 유지하기 위해 모피를 발달시킨 종이 많았다. 2억 6,000만 년 전
에는 수궁류로부터 진화해 나왔다. 몸집이 작고 소심한 견치류는 땅을
팔 수 있는 종이 많았다.

가계도 반대편에 있던 석형류는 더욱 파충류답다고 할 만한 특성들을

수궁류 |

유지했다. 이 생명체가 거북에서 악어, 조룡archosaurs, 익룡pterosaurs, 공룡
dinosaurs, 새(조류 공룡)avian dinosaurs에 이르기까지 모든 생명체의 조상이었다.

2억 5,200만 년 전에 일어난 페름기 대멸종은 오늘날의 시베리아 지
역에서 일어난 화산 대폭발로 야기되었다는 이론이 있다. 이것은 약
100만 년 동안 지속된 재앙이었다. 화산재가 대기로 뿜어져 나와 태양
을 가리면서 식물이 죽어갔고, 하늘에서는 산성비가 쏟아졌으며, 바다
에서는 산소가 고갈되었다. 이것은 지구상 모든 복잡한 생명체를 거의
끝장낼 뻔한 대멸종 사건이었다. 모든 종의 90~95퍼센트 정도가 사라
졌다. 견치류는 작은 체구와 땅굴을 파는 습성 덕분에 그 재앙에서 간신
히 살아남았다. 그리고 살아남은 석형류는 새로운 기후를 만나 번성하
면서 곧 지구를 지배했다.

트라이아스기(2억 5,200만~2억 100만 년 전)

트라이아스기가 절반 정도 지난 후에야 생물권은 페름기 대멸종으로부
터 회복할 수 있었다. 전반적으로 기후가 건조했다. 판게아Pangea[6] 내부
에는 거대한 사막이 형성되고, 페름기보다 더 건조했다. 비는 이 초대

---

6 현재의 대륙들이 모두 하나로 모여 이루고 있던 거대한 초대륙.

륙 안쪽까지 도달할 수도 없었다.

　석형류로부터 조룡이 나왔고, 조류로부터 모든 공룡, 익룡, 악어류 crocodilians가 나왔다. 조룡은 폐가 여러 개여서 산소가 16퍼센트밖에 안 되는 대기에서도 호흡할 수 있었다. 트라이아스기가 시작되었을 때 공룡은 5퍼센트 정도의 소수집단에 불과했다.

　2억 3,400만 년 전에는 화산 활동을 통해 지구의 기후와 습도가 올라가 갑자기 어디에서나 비가 내리기 시작했다. 이 '우기 사건pluvial episode' 동안에는 여기저기서 200만 년 동안 쉬지 않고 폭우가 쏟아졌다. 건조한 사막 기후를 좋아하는 동물에게는 파괴적인 영향을 미쳤다. 한편 공룡들은 새로 등장한 습도 높은 환경에서 번성했다. 그리고 최초의 익룡이 하늘을 날기 시작했다.

　2억 100만 년 전 트라이아스기 대멸종 사건은 공룡과 익룡을 제외한 수많은 양서류와 수궁류, 그리고 대부분의 조룡 종을 휩쓸어버렸다. 그 결과, 공룡이 지구에 존재하는 모든 네 발 동물 중 90퍼센트를 차지했고, 원시 포유류는 구석진 곳에서 숨죽인 채 살았다.

쥐라기(2억 100만~1억 4,500만 년 전)

초대륙 판게아가 조각으로 갈라지고 기후가 점점 더 습해지면서 쥐라기가 열렸다. 북아메리카 대륙은 유럽 대륙과 합쳐져 있고, 남아메리카 대륙과 아프리카 대륙이 여전히 퍼즐 조각처럼 합을 맞춘 상태에서 대륙이 현대적인 형태로 자리 잡기 시작했다. 이 두 대륙 커플 사이에 생긴 만이 점점 넓어져 대륙 내부에 존재하던 거대한 사막이 사라졌다. 강우 지역이 넓어지면서 숲과 산림의 양도 많아졌다. 그리고 산소 농도도 25퍼센트 정도로 높아졌다.

트라이아스기 대멸종을 거치며 생긴 생태적 지위의 빈자리를 공룡이 채웠다. 습한 열대우림은 초식 동물에게 많은 먹이를 제공해주었고, 공룡은 점점 더 많은 양의 식물을 먹도록 진화했다. 그래서 길이가 35미

페름기
2억 2,500만 년 전

트라이아스기
2억 년 전

쥐라기
1억 5,000만 년 전

백악기

현재

터나 되는 슈퍼사우루스Supersaurus와 먹이사슬을 지배하는 알로사우루스Allosaurs(길이가 10미터에 이르는 전형적 모습의 공룡 포식자) 같은 거대 공룡이 진화해 나왔다.

원시 포유류는 계속 숨어 살았다. 이들의 평균적인 몸집은 생쥐보다도 별로 크지 않았다. 이들은 땅굴을 파고 들어가거나 나무 위에 올라가 곤충을 잡아먹으며 숨어 있다가 밤에만 나왔다. 1억 6,500만 년 전 즈음에는 그중 몇몇이 나무 위에 정착해 살면서 활공 기술을 발전시켰고, 몇몇은 물가나 물과 가까운 서식지로 돌아갔다.

쥐라기 후기 무렵에는 최초의 조류 공룡(새의 조상)이 비행을 시작했다. 몇몇 트라이아스기 공룡의 몸에서 일종의 솜털이 생겨나 체온을 유지해주었다. 이것이 현재의 깃털이 되었다. 일부 공룡은 그대로 원시 깃털로 덮여 있었고(심지어 백악기의 티라노사우루스도 솜털을 갖고 있었는지 모른다), 일부 공룡은 아예 깃털이 없었지만, 일부 종에서는 깃털이 비행을 탄생시켰다.

백악기(1억 4,500만~6,600만 년 전)

판게아 대륙의 분리가 완료되었다. 북아메리카 대륙과 남아메리카 대륙이 서로를 향해 천천히 움직였다. 오스트레일리아 대륙, 남극 대륙,

인도 대륙은 아프리카 대륙으로부터 떨어져 나왔다. 아프리카 대륙은 유라시아 대륙의 복부와 충돌하는 경로로 움직이기 시작했다.

산소 농도는 30퍼센트로 증가했다. 여전히 공룡이 지배하고 있었지만 생물권의 일부 구석진 곳은 분명 '현대적인' 모습을 보이기 시작했다. 풀이 처음으로 진화해 나왔다. 현재 지구가 사방천지 풀밭인 것을 생각하면 풀이 존재하지 않았던 때를 상상하기 어렵지만, 석탄기였든 쥐라기였든 그전에는 초록색 식물이 최대로 우거졌을 때도 풀은 존재하지 않았다.

1억 4,000만 년 전 즈음 개미가 등장했다. 개미는 생물권에서 가장 흔하고 적응도 잘하는 종 가운데 하나로, 오늘날 지구 전체 생물량 biomass[7] 중 대략 20퍼센트를 차지한다. 그리고 1억 2,500만 년 전 즈음에는 꽃을 피우는 현화 식물이 진화해서 지구 전체로 퍼져나갔다(그전에는 꽃도 존재하지 않았다). 마침 꿀벌이 동시에 진화해 나와 현화 식물이 널리 퍼지는 데 큰 역할을 했다.

그와 비슷한 시기에 최초의 원시 태반류 포유류proto-placental mammal와 원시 유대목 포유류proto-marsupial mammal가 화석 기록에 등장했다. 양쪽 모두 알을 낳지 않고 새끼를 낳았으며, 전자는 새끼를 자궁 속에 더 오래 간직한 반면, 후자는 새끼를 일찍 낳아 배주머니pouch 속에서 키웠

---

7 주어진 영역 안에 존재하는 생물의 총량, 혹은 총무게.

다. 아직 여전히 작고 겁이 많기는 했지만 태반류는 아메리카 대륙, 유라시아 대륙, 아프리카 대륙에 많았던 반면, 유대목은 오스트레일리아 대륙에서 주로 살았다. 유대목은 새인지 포유류인지 헷갈리게 알을 낳는 오리너구리의 조상이다.

한편 공룡은 계속해서 대세를 이어가며 대부분의 생태적 지위를 채웠다. 이렇게 공룡들이 차고 넘치다 보니 종 간 경쟁이 치열해졌다. 특히 초식 공룡과 그들을 잡아먹는 포식성 육식 공룡 사이에서 균형을 맞추기 위한 경쟁이 심해졌다. 그 결과 이 시기에는 양쪽 진영 모두에서 놀라운 형태들이 발전해 나왔다. 티라노사우루스 렉스Tyrannosaurus rex와 알베르토사우루스Albertosaurus 같은 최상위 포식자들이 등장했다. 그리고 그에 대응하기 위해 트리케라톱스Triceratops 같은 뿔룡류ceratopsia는 점점 더 다양한 형태의 방어용 뿔을 사용했고, 아마르가사우루스Amargasaurus 같은 용각류sauropods는 목에서 자라난 긴 가시를 이용해 포식자들의 접근을 막았으며, 안킬로사우루스Ankylosaurus는 무거운 갑옷판으로 중무장했다.

백악기에 일어난 대멸종 사건으로 육상동물의 90퍼센트, 식물종의 50퍼센트를 비롯해 지구에 남아 있던 종의 70퍼센트가 소멸했다. 직경 10킬로미터 정도의 소행성이 유카탄반도에 떨어졌다. 그로 인해 전 세계적으로 지진, 쓰나미, 대륙 전체를 가로지르는 산불, 산성비 폭우 등으로 수많은 생명이 죽었다. 그리고 공중으로 날아오른 먼지가 태양을 차단해 더 많은 식물이 죽었다. 그로 말미암아 살아남은 초식 동물들이 굶어 죽고, 뒤따라 그것을 잡아먹던 육식 동물들도 굶어 죽었다.

지구는 썩어가는 식물과 동물의 시체로 가득했다. 파리와 구더기, 그리고 시체를 먹고 사는 다른 생명체가 그것을 먹고 살았다. 곤충을 잡아먹거나 얼마 남지 않은 식물을 먹고 살 수 있는 조류와 포유류들은 간신히 대재앙을 피한 반면, 비조류 공룡non-avian dinosaurs은 멸종의 길을 걸었다. 다시 한번 생태적 지위가 깨끗하게 씻겨나갔고, 이번에는 포유류가 그 빈자리를 채웠다.

6억 3,500만~6,600만 년 전 다세포 생명체 시기 동안에는 전체적인 복잡성의 증가가 미미했다. 사실 이 기간에는 복잡성이 거의 정체되어

안킬로사우루스 |

있었다. 어쩌면 알려진 우주에서의 복잡성이 다윈주의적 진화와 멸종 게임으로 정점을 찍고 중단되었을 수도 있다. 하지만 포유류가 지배하는 세상에서 일어난 일련의 사건을 통해 훨씬 높은 수준의 복잡성을 달성할 수 있는 새롭고 더 빠른 형태의 진화가 등장한다. 바로 문화culture다.

6장

영장류의 진화

공룡이 남기고 간 빈 생태적 지위를 포유류가 채운다. 영장류가 우리에게 대단히 익숙한 특성들을 안고 진화한다. 인간이 유인원과의 마지막 공통 조상으로부터 갈라져 나온다. 인간이 두 다리로 걷기 시작하고 뇌가 커진다. 세대가 지날 때마다 잃어버리는 것보다 더 많은 정보를 축적하기 시작한다.

6,600만 년 전 세상은 춥고 건조한 쓰레기장 같았다. 풍경 속에서 눈에 들어오는 것은 태양 아래 썩어가며 점차 먼지가 쌓이는 죽은 식물과 동물밖에 없었다. 백악기 대멸종 사건으로 먹이사슬이 붕괴하면서 대형 종들이 큰 타격을 받았다. 이제 육상에는 거북과 악어를 제외하면 새나 포유류 같은 작은 생명체들이 주로 살았다.

늘 그랬듯이 생물학적 진화의 호황/불황 주기가 계속 이어졌다. 세상의 생태적 지위가 깨끗하게 치워졌고, 신속하게 진화한 포유류들이 그 빈자리를 채웠다. 처음에는 포유류들이 생쥐나 다람쥐와 비슷한 모양이었다. 대부분 길이는 50센티미터, 체중은 1킬로그램을 넘지 않았다. 이들은 식물을 갉아먹고 벌레를 잡아먹으며 살았다. 또 땅굴을 파고 들어가 숨거나 나무 위에 숨었다. 이 포유류 생존자들이 다양한 종으로 분화해서 공룡, 석형류, 양서류, 절지동물이 그랬던 것처럼 지구를 지배했다. 그리고 어쩌면 죽고 죽이는 잔인한 다윈주의적 진화 주기가 수억 년 동안 그 어떤 복잡성 증가의 기미도 없이 계속 이어졌을지 모른다. 하지만 이번에는 무언가 새로운 것이 지평선 위로 모습을 드러냈다.

6,000만 년 전 즈음 기후가 다시 따뜻해졌다. 세상이 따뜻해졌다. 북아메리카 대륙과 유라시아 대륙은 열대기후였다. 적도는 사막이었고, 나머지 지구 대부분은 숲으로 덮였다. 양쪽 극지방에도 얼음이 거의 없었다. 그리고 포유류도 몸집을 키우기 시작했다.

이 당시 코끼리 조상들은 개보다 크지 않았지만 점차 세상에서 제일 큰 육상 포유류로 진화한다. 그 무렵 비슷한 크기의 포유류가 날카로운 이빨로 먹잇감의 살을 찢으며 물고기와 고기를 사냥하기 시작했다. 4,200만 년 전 즈음 이 포식자는 개의 특성과 고양이의 특성을 가진 두 가지로 진화한다. 전자는 늑대, 여우, 곰의 조상이 되고 후자는 사자, 호랑이, 재규어의 조상이 되었다.

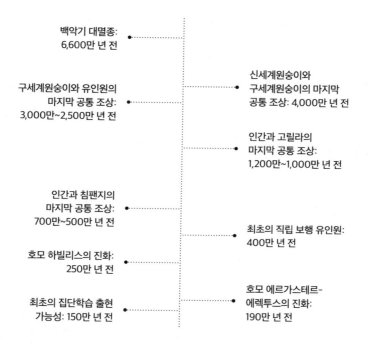

백악기 대멸종:
6,600만 년 전

신세계원숭이와
구세계원숭이의 마지막
공통 조상: 4,000만 년 전

구세계원숭이와 유인원의
마지막 공통 조상:
3,000만~2,500만 년 전

인간과 고릴라의
마지막 공통 조상:
1,200만~1,000만 년 전

인간과 침팬지의
마지막 공통 조상:
700만~500만 년 전

최초의 직립 보행 유인원:
400만 년 전

호모 하빌리스의 진화:
250만 년 전

최초의 집단학습 출현
가능성: 150만 년 전

호모 에르가스테르-
에렉투스의 진화:
190만 년 전

5,500만 년 전 고양이만 한 크기의 작은 포유류가 주기적으로 물에서 시간을 보내거나 물속으로 잠수하는 습성을 진화시켰다. 이 포유류가 하마와 고래의 조상이었다. 고래의 조상들은 바다에서 보내는 시간이 점점 늘기 시작했다. 처음에는 얕은 물에서 보냈지만, 나중에는 바다 더 깊은 곳까지 잠수해 막대한 양의 크릴새우와 물고기를 잡아먹었다. 그리고 4,000만 년 전 즈음에는 고래로 완전히 전환되었다.

마찬가지로 5,500만 년 전에 크기는 개만 하고 발톱이 여러 개 달린

말의 조상이 숲에서 살았다. 이 동물은 나무와 숲 바닥의 덤불 사이를 조용하고 민첩하게 기어다녔다. 그러다가 일단 기후가 시원하고 건조해지자 주로 세 번째 발가락을 이용해서 달리는 일이 점점 더 많아졌다. 시간이 지나면서 나머지 발가락이 크게 퇴화해 전형적인 말굽 형태가 만들어졌다. 이들은 더 이상 숲에서 기어다니지 않고 먼 거리를 이동하며 살았다.

수천만 년이라는 비교적 짧은 시간에 포유류는 생태적 지위를 신속하게 채웠고, 몸집도 커져 우리가 오늘날 잘 알고 있는 익숙한 거대 동물

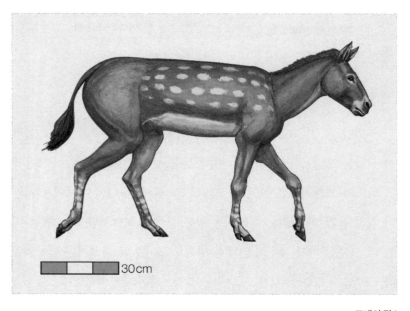

30cm

고대의 말ㅣ

로 진화했다.

5,500만 년 전에는 영장류primate도 등장했다. 이들은 물건을 움켜잡을 수 있는 손과 앞쪽을 향하는 눈을 가진 작은 나무살이 포유류tree-dwelling mammal로 시작했다. 이런 특성은 나무에서 떨어지는 것을 막는 데 특히 유용했다. 예를 들면, 앞쪽을 향하는 눈 덕분에 영장류는 입체시와 거리 지각이 가능했다. 이는 한 나뭇가지에서 다른 나뭇가지로 뛰어넘어갈 때 대단히 중요한 능력이었다. 이런 모든 3차원 정보를 처리하기 위해 영장류의 뇌도 점점 커져야 했다.

영장류는 4,000만 년 전 아메리카 대륙으로 진출했고, 광활한 대서양을 두고 분리된 상태에서 신세계원숭이로 진화했다. 이들은 코가 더 납작하고, 콧구멍은 옆을 향하고, 무언가 잡는 데 유용한 긴 꼬리를 갖고 있었다. 하지만 대부분 종은 마주 보는 엄지손가락[8]을 갖고 있지 않았다. 그리고 신세계원숭이들은 일부일처monogamous 관계를 따르는 경우가 더 많았다.

그와 반대로 구세계원숭이는 대부분 종에서 일부다처polygymous 관계가 제일 흔했다. 대부분 종에서 암컷은 평생 자기 어미 곁에 머무는 반면, 수컷들은 다 자라면 대단히 공격적인 과시 행위를 통해 다른 수컷들을 쫓아내고 자기만의 암컷 무리를 거느렸다.

---

8 엄지손가락이 나머지 네 손가락과 닿는 것.

3,000만~2,500만 년 전 아프리카에서 유인원Great Apes의 혈통이 구세계원숭이로부터 갈라져 나왔다. 유인원은 침팬지, 보노보, 고릴라, 오랑우탄, 사람의 조상 종이었다.

영장류에게는 사람이 계속 유지하고 있거나 지금은 버린 본능적 특성들이 존재한다. 우리가 유지하고 있는 특성이 무엇인지 밝혀내면 우리가 진화시킨 신경회로의 핵심에 자리 잡고 있는 것이 무엇인지 알 수 있을 것이다. 이것이 전부는 아니겠지만, 우리가 행동하는 방식과 사회를 구축하는 방식의 밑바탕을 이룬다.

고릴라 전쟁

사람은 1,200만~1,000만 년 전 고릴라의 진화적 조상으로부터 갈라져 나왔다. 고릴라는 대단히 위협적으로 보이지만, 고릴라의 공격성 대부분은 위협적인 과시 행동 형태로 나타난다. 물론 위협만으로 문제가 해결될 것 같지 않으면 스스로 보호하는 일에도 아주 능하다. 어쨌거나 고릴라는 대체로 허세를 부리기 위해 싸운다.

고릴라의 위계에서, 보통 암컷 고릴라는 평생 동일한 집단에 머무는 반면, 수컷 고릴라는 나이가 차면 집단의 우두머리인 실버백silverback(등에 은백색 털이 난 나이 많은 수컷)에게 쫓겨난다. 그리고 총각 신세로 떠돌아다니다가 암컷으로 구성된 집단을 스스로 구축하거나, 다른 집단에서 기존의 실버백을 몰아내고 그 자리를 차지한다.

수컷 간 치열한 경쟁 덕분에 고도의 성적 이형sexual dimorphism이 일어났다. 성적 이형이란 생물학적 성별 간에 눈에 띄는 성적 차이가 점진적으로 나타나는 진화 과정을 말한다. 그래서 수컷 고릴라는 평균적으로 암컷보다 몸집이 훨씬 커졌다. 수컷 고릴라는 자신의 DNA가 우위를 차지하도록 자신의 새끼가 아닌 다른 아기 고릴라를 죽이는 성향이 있다.

암컷 고릴라는 포식자로부터 보호받기 위해, 그리고 자기 새끼를 유아 학살로부터 보호하기 위해 수컷과 관계를 형성한다. 친척 관계인 암컷들은 자매지간처럼 함께 붙어 다니며 서로의 관심사와 안전을 염려하는 모습을 보여준다. 친척 관계가 아닌 암컷 고릴라끼리는 공격적으로 경쟁하는 성향이 있다.

수컷 고릴라들은 친척 관계인 경우에도 서로 적대적일 때가 많다. 경쟁과 적대성을 더 흔히 보인다. 다만 한 가지 주목할 만한 예외가 있다. 수컷 고릴라가 실버백에 의해 암컷 집단에서 쫓겨나면 단독으로 돌아다니지 않고 서로 무리를 이루기도 한다. 추방당한 상황에서는 수컷 고릴라끼리도 훨씬 친하게 지내며 서로 털 고르기를 해주고 레슬링 놀이를 하기도 한다. 어떤 고릴라는 아예 암컷 집단을 멀리하고 가끔 동성애 섹스에 참여하기도 한다.

인간과 가장 가까운 사촌

침팬지는 살아남은 진화적 친척 중 인간과 가장 가까운 관계다. 인간과 침팬지는 98.4퍼센트의 DNA를 공유한다. 인간과 침팬지는 약 700만~500만 년 전에 마지막 공통 조상으로부터 갈라져 나왔다. 침팬지는 인간보다 작아 키가 100~120센티미터 정도다. 하지만 일반적으로 힘이 더 세고, 더 공격적이다. 침팬지의 뇌는 사람의 3분의 1 정도로 작다. 그래도 침팬지의 본능이나 행동을 보면 우리와 비슷한 점이 많다. 창의성, 기발함, 집단 정치는 말할 것도 없다.

침팬지는 식물과 곤충을 먹고, 콜로부스원숭이colobus monkey를 사냥하는 모습도 심심찮게 목격된다. 수컷들은 무리를 지어 돌아다니며 이런 먹잇감을 확보하고 자신의 영역을 다른 침팬지 집단으로부터 보호한다. 영역성territoriality은 침팬지와의 마지막 공통 조상으로부터 물려받은 속성일 가능성이 있지만, 이런 행동 습성 자체가 동물들 사이에서 특별한 것은 아니다. 정말 새로운 것은 이런 영역 보호 행동을 조직적으로 한다는 점이다.

고릴라와 달리 침팬지는 우두머리가 이끄는 수컷 무리와 거기에 대응하는 암컷 무리가 집단을 이루는 경우가 매우 흔하다. 암컷 무리 역시 위계질서를 갖추고 있다. 가장 강하고 공격적인 개체가 침팬지 집단의 우두머리가 될 수도 있지만 항상 그런 것은 아니다. 우두머리는 침팬지들을 다루는 솜씨도 뛰어나야 하고 자신이 정한 규칙을 집단이 잘 따르게 하는 요령도 알아야 한다. 침팬지계의 마키아벨리가 되어야 하는 것이다. 그래서 가끔은 몸집이 제일 크고 우락부락한 수컷이 아니라 마르고 힘도 없는 정치가 타입의 침팬지가 우두머리가 되기도 한다. 다른 침팬지들이 자신의 명령을 따르도록 설득하는 데 성공한 것이다. 그러나 다른 수컷들이 팀을 이루어 폭력으로 반란을 일으켜 우두머리를 쫓아내고 왕좌에 오르기도 한다. 인간의 정치와 다를 것이 없다.

암컷들 사이에도 확실한 서열이 존재한다. 어떤 암컷은 무리를 지배하고, 어떤 암컷은 다른 암컷에게 복종한다. 암컷의 위계질서는 그 새끼들에게도 그대로 이어진다. 어리고 나약하다고 해서 위계가 높은 암컷 새끼에게 함부로 공격성을 보이면 무리를 지배하고 있는 어미와 그 동료들에게 호되게 당할 수 있다. 그러나 이런 식으로 보호받던 새끼도 때가 되면 자체적으로 지배적 동맹 관계를 형성한다. 이런 행동에서 세습의 원리를 엿볼 수 있다. 부모가 누구인가에 따라 위계에서 추가적 특권을 누릴 수 있는 것이다.

한편 수컷 침팬지의 지배력은 온전히 암컷 지배층에서 받아들여주느냐 여부에 달려 있다. 암컷 지배층에서 좋아하지 않으면 집단의 우두머리가 될 수 없다. 이미 우두머리라고 해도 암컷들이 일단 등을 돌리면 다른 수컷들이 쫓아내도록 도와 그 새로운 수컷을 우두머리 자리에 앉힐 것이다. 이것 역시 현대 이전 인류 역사에서 엘리트 여성(예를 들면, 로마의 여자 황제 리비아 드루실라Livia Drusilla)이 갖고 있던 '소프트파워soft power'의 모습 그대로다.

위계질서에서 높은 자리를 차지하면 짝과 먹을 것에 우선적으로 접근할 수 있다. 침팬지의 위계질서는 다른 영장류에 비해 상당히 복잡하다. 그리고 동맹 관계를 유지하는 데 필요한 사회적 상호작용에 대응하기 위해 뇌가 더 크게 진화했다.

다른 많은 영장류처럼 침팬지도 도구를 이용한다. 나뭇가지로 도구를 만들어 흰개미 낚시를 한다. 돌멩이를 망치로 사용하고, 이파리를 스펀지처럼 이용해 물을 빨아들인다. 그리고 나뭇가지를 지렛대로 사용하고, 바나나 이파리로 우산을 만들기도 한다. 이런 기술은 성체에서 어린 개체에게 교육을 통해 전달된다. 일종의 사회적 학습social learning이다. 심지어 일종의 문화라고 할 수도 있을 것이다. 하지만 세대를 이어가며 이런 발명을 발전시키지는 않는다. 그렇지 않았다면 500만 년을 거치는 동안 침팬지의 '흰개미 낚시'가 산업적 규모로 확대되었을 것이다.

침팬지는 언어를 가지고 있다. 침팬지의 소통은 대부분 몸짓을 통해 이루어지지만, 제한적이나마 발성을 통해서도 소통을 한다. 만들 수 있는 소리 범위에 한계가 있는 침팬지의 생리학과 뇌 용량 때문에 제한이 생긴다. 포획 상태의 침팬지는 다양한 문자 기호를 암기하는 데 탁월한 능력을 보여준다.

침팬지는 대단히 공격적일 수도 있다. 수컷 침팬지들은 무리를 이루어 영역을 돌아다니면서 혼자 있는 침팬지를 발견하면 발길질하면서 두 들겨 팬다. 특히 귀, 얼굴, 그리고 성기의 살점을 뜯어내는 충격적인 경우도 흔히 볼 수 있다. 이들은 자신의 영역을 순찰하면서 낯선 침팬지를 만나면 잔혹하게 다루는 것을 엄청 좋아한다. 자기 집단에 속하지 않은 개체에게 힘을 합해 폭력을 가하는 것은 인간과 침팬지에서 공통적으로 찾아볼 수 있는 습성이다.

보노보

침팬지는 수컷이 무리를 주도하고 대단히 공격적이다. 섹스를 할 권리가 위계에 따라 분배되기 때문이다. 반면 보노보는 침팬지와 가까운 사촌이면서도 이와 대조적인 모습을 보인다. 약 200만 년 전 콩고강이 커지면서 침팬지의 조상이 두 집단으로 나뉘어 서로 다른 환경에 처했다. 남쪽으로 나뉜 침팬지는 결국 보노보가 되었는데, 이들은 침팬지와 근본적으로 다른 습성을 진화시켰다.

보노보는 암컷이 주도하는 위계질서에 따라 살며, 그 안에 성적 활동이 대단히 만연하다. 수컷이 신체적으로 더 강인한 경우가 많지만, 수컷이 암컷에게 공격성을 나타내는 경우는 매우 드물다. 보노보 암컷들이 자매애를 발휘해 그 수컷을 집단공격으로 막기 때문이다. 소리로 수컷을 겁주어 쫓기도 하고, 때로는 수컷의 손가락을 부러뜨리기도 한다. 암컷도 위계질서를 잡을 때는 공격적인 모습을 보일 수 있다. 하지만 풍요로운 성생활 덕분에 전체적으로 공격성이 덜하다.

영장류로서는 드물게 보노보는 얼굴을 마주 보며 섹스를 하고, 구강성교도 하며, 프렌치 키스도 할 수 있다. 보노보는 성욕이 대단히 높아 몇 시간마다 자위를 한다. 보노보는 서로 인사할 때 초기의 긴장감을 줄이기 위해 서로 충혈된 성기를 만지는 경향이 있다. 이것을 '보노보 악수bonobo handshake'라고 한다. 보노보 집단 안에서는 성적 활동이 더 흔해, 애초에 수컷의 공격성이 강해질 이유가 약하다. 숲에서 두 집단이 마주치면 처음에는 집단에 속한 수컷들 사이에 긴장감이 높아질 수 있다. 그러면 두 집단의 암컷들이 반대편으로 넘어가서 처음 보는 수컷들과 섹스를 시작한다. 집단 간 긴장감이 침팬지에서는 싸움으로 번지지만, 보노보에서는 난잡한 섹스 파티로 끝난다.

어찌 보면 사람이 보노보가 아니라 침팬지와 더 가까운 친척 관계라는 것이 불행한 일인지도 모르겠다. 하지만 사람에서 공격성, 전쟁, 남성들 간 경쟁이 모두 공존하는 것이 사실이긴 해도 성적 습관은 보노보와도 공통점이 많아 보인다. 그리고 우리도 가끔은 '전쟁이 아니라 사랑을make love, not war'을 외칠 때가 있다(하지만 인간의 역사를 보면 히피가 되어 평화를 외치는 시간보다 전쟁을 일으키는 시간이 더 많다).

침팬지의 익숙한 특성 중 인간이 마지막 공통 조상으로부터 함께 물려받은 것이 얼마나 되고, 나중에 인간에 의해 문화적으로 발명된 특성은 무엇인지에 대해서는 아직 답을 찾지 못했다. 인간 사회의 부정적 측면들이 신경회로의 진화에 바탕을 둔 것이라면 이런 측면들을 지우기는 아예 불가능할지도 모른다. 하지만 만약 그것이 문화적으로 유래한 것이라면 한두 세대가 지나면서 지워질 수도 있을 것이다. 그럼 이런 질문이 따라온다. 인간은 침팬지와 갈라져 나온 뒤 500만 년에 걸쳐 어떻게 진화를 이어갔을까?

두 발 보행

500만 년 전, 우리 조상들은 여전히 아프리카 숲속에서 살고 있었다. 침팬지와 인간의 마지막 공통 조상은 휘어진 다리로 땅 위를 걸으며 팔로 땅을 짚어 균형을 잡았다. 편평한 땅 위에서의 장거리 이동보다는 포식자를 피하기 위해 신속하게 나무 위로 기어오르는 데 더 적합한 몸이었다(당시 아프리카에는 포식자가 많았다).

그러다가 400만 년 전 건조한 기후가 시작되었다. 숲의 규모가 다시 줄어들면서 처음에는 삼림지대가 남았다가 결국에는 동아프리카의 탁 트인 넓은 사바나가 생겨났다. 먹이를 찾기 위해 숲으로 모험을 떠난 영장류들은 더 이상 높은 나무 위로 달아나 안전을 도모할 수 없었고, 점점 더 먼 곳까지 먹이를 찾아 나서야 했다. 그 결과, 우리 조상들은 두 다리로 서서 걷는 두 발 보행을 진화시켰다.

최초의 두 발 보행 조상 중 하나인 오스트랄로피테신류Australopithecines는 키가 작아 1미터 정도밖에 안 되었다. 두 발 보행이라는 차이가 있을 뿐 침팬지와 매우 비슷한 모습이었다. 오스트랄로피테신류는 대체로 초식을 했고, 치아는 질긴 과일, 이파리, 기타 식물을 갉아먹는 데 적응되어 있었다(나중에 육식을 받아들이기는 했지만, 인간도 이런 특성을 물려받았다). 이들은 가끔 동물의 사체에서 나오는 고기를 먹기도 했지만, 몸이 날고기를 먹을 수 있는 준비가 되어 있지 않았고, 아직은 불을 이용해 고기를 익혀 먹는 기술도 없었다.

오스트랄로피테신류는 두 발 보행을 했기 때문에 손이 자유로워져 훨씬 다양한 몸짓을 일상적으로 할 수 있었고, 언어 범위도 그만큼 넓어졌다. 대부분 소통은 끙끙대거나 악을 지르는 등의 발성보다 몸짓과 얼굴 표정으로 이루어졌다. 여러 인류학자와 심리학자의 주장에 따르면 오늘날에도 사람의 소통 중 대다수는 여전히 말보다 정교한 감정과 정신 상태를 전달하는 미묘한 몸짓을 통해 이루어진다. 손이 자유로워지면서 오스트랄로피테신류는 도구를 여기저기로 지니고 다녔다. 언어가 강화되고 도구를 더 일상적으로 사용하면서, 오스트랄로피테신류에게는 그것을 따라잡기 위해 뇌 용량을 증가시켜야 한다는 진화적 압박이 가해졌다.

지금까지 알려진 가장 오래된 인간의 조상 중 한 명인 '루시Lucy' |

호모 하빌리스

250만 년 전 호모 하빌리스Homo habilis가 진화했다. 호모 하빌리스는 오스트랄로피테신류보다 키가 별로 크지 않았고, 뇌도 아주 약간 큰 정도였다. 하지만 지능과 창의력이 증가한 것으로 보인다. 호모 하빌리스는 돌을 얇게 깨뜨려 그 조각을 무언가 자르는 데 사용한 것으로 알려져 있다. 돌을 얇게 조각내기는 쉽지 않다. 고고학자들이 이런 활동을 재현해보려 했는데, 너무 까다로워서 여러 번 시행착오를 거쳐야 했다. 꽤 높은 지능과 의지, 그리고 장인의 끈기가 필요했다. 하지만 한계가 있었다. 돌을 다루는 기술이 중요한 돌파구가 된 것은 사실이지만, 호모 하빌리스가 존재했던 수백만 년 동안 기술적 발전이 있었다는 흔적은 찾아보기 힘들다. 발명은 보였으나, 그렇게 발명한 절단 장비가 다음 세대로 전해지며 성능이 개선되거나 다양해지는 발명의 축적은 이루어지지 않았다.

사회적 복잡성으로 보면 호모 하빌리스는 오스트랄로피테신류나 침팬지와 비슷했다고 할 수 있다. 이들의 집단 규모는 여전히 꽤 작은 수준이었다. 하지만 200만 년 전 인구가 늘어나면서 호모 하빌리스 집단이 다른 집단과 우연히 접촉하는 경우가 빈번해졌다. 그에 따라 집단이 만날 때마다 폭력이 발생하는 것을 막기 위해 동맹 관계 구축 등 복잡한 사회적 상호작용이 필요해졌다. 이것이 뇌에 진화적 압력으로 작용했다. 거기에 사용된 전략은 선물하기, 집단 간 결혼 등이었다. 후자가 특히 효과적이었다. 결혼으로 두 집단의 혈통이 합쳐지면서 DNA를 후대에 물려줘야 한다는 공동의 이해관계로 얽혔기 때문이다. 진화 인류학자들은 아프리카의 인류 가계도에서 일부일처제가 진화하기 시작한 것은 약 200만 년 전이라고 추정한다(신세계원숭이들은 오래전부터 일부일처

제였다). 호모 사피엔스Homo sapiens는 일부일처제에 성공하기도 하고, 실패를 맛보기도 하고, 거기에 더해 일부다처제나 난혼의 습성까지 보였다. 이것은 두 줄기로 이어져온 진화가 인간 안에서 서로 충돌했다는 증거가 아닐까 싶다.

영장류가 서로 유대감을 키우고 동맹 관계를 형성하는 또 다른 방법으로 털 고르기grooming가 등장했다. 털 고르기는 누군가의 털에 달라붙은 벌레나 먼지를 청소해주는 행동이다. 4,000만 년을 거슬러 올라가는 구세계원숭이와 인간의 마지막 공통 조상에서 이런 모습을 볼 수 있다. 하지만 집단에 속한 개체수가 늘어나면서 더는 털 고르기가 불가능해졌다. 그럴 시간이 부족했기 때문이다. 인간은 그 대신 험담이나 한담을 나누기 시작했다.

호모 하빌리스는 여전히 말할 때 낼 수 있는 소리 범위가 제한되어 있었다. 하지만 기분 좋을 때는 흥얼거림, 불쾌감을 전달할 때는 끙끙거림, 고함 소리 등을 내고 여기에 몸짓까지 보태면 어느 정도 소통이 가능했다. 사회화에 따르는 진화적 이점이 있었기 때문에 이런 소통 능력의 발전에 유리하게 작용하는 선택압이 가해졌다.

이것이 성 선택sexual selection으로 더 강화되었는지도 모른다. 매력적인 방식으로, 혹은 집단이 자신을 따르도록 설득하는 방식으로 자신을 표현할 수 있는 수컷이 암컷의 선택을 받는 데 더 유리했을지도 모른다. 500만 년 전 침팬지와의 마지막 공통 조상 이후로는 동맹 관계를 잘 맺고, 집단에서 계급이 높은 수컷이 암컷에게 인기를 끌었다.

　날로 커지는 사회적 복잡성에 대처하기 위해 소통 능력이 강화되어야 한다는 압력이 생겨났고, 이것은 뇌의 성장에 심오한 영향을 미쳤다. 그리고 이것은 다음에 등장한 인류의 조상에서 발현되었다.

호모 에렉투스

190만 년 전 호모 에르가스테르–에렉투스Homo ergaster-erectus가 진화해 나온다. 호모 에르가스테르와 호모 에렉투스는 아주 비슷하게 생겼기 때문에 이 둘을 단일 종으로 분류해야 하는지를 두고 논란이 있다. 호모 에르가스테르는 보통 아프리카에 존재했던 최초 버전의 인류를 지칭하는 반면, 호모 에렉투스는 구세계를 가로질러간 종을 지칭한다. 여기서는 간단히 양쪽 모두 호모 에렉투스로 지칭하겠다. 하지만 이것이 현재 분류학을 두고 벌어지는 논쟁에 대한 나의 입장을 의미하지는 않는다.

　호모 에렉투스는 호모 하빌리스보다 키가 컸다. 두 발 보행 기술은 완성되어 있었다. 호모 에렉투스는 호모 하빌리스에 비해 장거리 이동에 훨씬 능했다. 사실 호모 에렉투스는 지구력과 달리기 속도에서 현대의 두 발 보행 인류에게 도전장을 내밀 만한 수준이었다. 이들은 얼굴 구조가 인간과 훨씬 닮은 모습이었다. 이들에게 우리와 같은 옷을 입혀 버스에 태워도 별로 이상한 점을 느끼지 못할 것이다. 이들은 초기 영장류에 비해 체모도 훨씬 줄어들었고, 아프리카의 따가운 햇살로부터 피부를 보호하도록 멜라닌 색소를 남겨두었다. 사실 대부분 주요 표현형 phenotypical aspect[9]에서 호모 에렉투스는 현대 인류와 대단히 비슷했다.

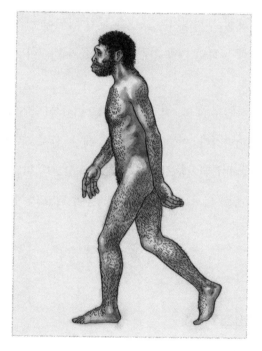

호모 에렉투스 |

9 생명체에서 관찰되는 특징적인 모습이나 성질.

호모 에렉투스가 인류의 초기 조상들보다 더 큰 사회집단을 이루어 살았고, 다른 집단과 더 자주 접촉했다는 증거가 있다. 그리고 이들은 불을 통제해 사용하는 법을 알았고, 고기를 익혀 먹었다는 증거도 있다. 뇌가 추가적으로 발달하는 데는 고기 섭취가 결정적 역할을 했다. 고기는 한 입만 먹어도 그 안에 많은 에너지가 들어 있기 때문이다. 같은 양의 에너지를 식물에서 얻으려면 훨씬 많은 양을 먹어야 한다. 호모 에렉투스에서 제일 두드러지는 측면은 뇌가 확연히 커졌다는 점이다. 호모 하빌리스에 비하면 대략 2배, 현대 인류와 비교하면 70퍼센트 수준이었다.

인구가 폭발하면서 호모 에렉투스는 아프리카를 벗어나 남아시아와 동아시아로 뻗어나갔다. 이들은 사막, 숲, 해안, 산악 지대에 적응했다. 이렇게 적응 능력이 뛰어난 종이라면 지능도 상당히 발달했을 것이다. 이들은 최초의 범구세계pan-Old World 인간 종이 되었고, 수십만 년 동안 존재를 이어갔다.

최초의 집단학습?

호모 에렉투스가 190만 년 전 진화한 이후 도구에 별다른 기술적 발전이 이루어지지 않았다. 그러다가 178만 년 전 동아프리카에서 새로운 종류의 눈물방울형 도끼를 발명했다. 이것은 단발성 사건으로 끝날 수도 있었다. 호모 에렉투스는 수천 년 동안 이 도구를 바꾸거나 개선하지 않았다. 이것은 그보다 앞서 도구를 사용한 모든 영장류와 상통하는 부분이다. 침팬지, 오스트랄로피테신류, 호모 하빌리스 모두 새로운 도구를 발명해서 그 기술을 자손에게 물려줄 정도도 똑똑했지만, 세대를 거치며 그 도구를 개선하지는 않았다.

하지만 150만 년 전 동아프리카의 호모 에렉투스에서 혁명적인 새로운 능력의 증거가 처음으로 엿보이기 시작했다. 호로 에렉투스가 손도끼의 질을 개선하고, 이것을 곡괭이, 고기 자르는 큰 칼, 그리고 용도가 다른 여러 가지 도구로 바꿔 쓴 것이다.

이것은 우리의 이야기에서 대단히 중요한 사건이다. 이것은 기존의 것을 만지작거려 새로운 것을 만들고, 혁신이 축적되고, 세대에서 세대로 이어지며 기술이 개선되었다는 첫 징조이기 때문이다. 이것을 '집단 학습'이라고 한다.

이것이 왜 중요할까? 한 사람이 발명할 수 있는 것에 한계가 존재한다면 한 종은 생물학적 진화에 의해 변화할 때까지 수천 년을 거의 비슷한 상태로 남게 된다. 설사 도구를 사용한다고 해도 복잡성 향상을 위해서는 자연선택의 느린 과정에 붙잡혀 있을 수밖에 없다. 하지만 호모 에렉투스 같은 종이 중요한 유전적 변화나 진화 없이도 기존의 기술을 만지작거려 새로운 기술을 만들어낼 수 있고, 전통적으로 살아오던 곳에서 벗어나 전 세계로 퍼질 수 있다면, 이것은 무언가 새로운 것이 등장한다는 신호다. 더 이상 이 종이 생물학적 진화나 잔혹한 다윈주의 세상에 기대지 않아도 복잡성을 증가시킬 수 있다는 의미이기 때문이다.

이제 우리는 '문화의 영역'으로 망설이며 첫발을 내디뎠다. 이곳에서는 집단학습에 의한 복잡성 생성 과정이 생물학적 진화보다 훨씬 빠른 속도로 눈부시게 타오른다. 구불구불한 기존 도로 위로 고속도로를 새로 닦은 것처럼 말이다.

그리고 집단학습은 이제 막 진화한 상태였다. 가늘게 새어나오기 시작한 이 샘물은 이제 곧 거대한 강물이 되어 흐를 것이다.

3부

문화 단계

31만 5,000년 전~현재

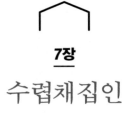

7장
수렵채집인

길게 이어져 내려온 혈통으로부터 호모 사피엔스가 진화한다. 집단학습이 그 어느 때보다 막강해진다. 인류 역사 98퍼센트 동안 250억 명 정도의 사람이 수렵채집 공동체를 이루어 산다. 유전자 병목 현상으로 우리의 유전자 풀이 1만 명 미만으로 떨어진다. 그리고 얼마 지나지 않아 전 세계로 퍼져나간다.

'축적'은 호모 사피엔스의 차이점을 그 어떤 말보다 잘 요약해주는 표현이다. 세대에서 세대로 이어질 때마다 잃어버리는 것보다 더 많은 정보를 축적하는 이 능력을 '집단학습'이라고 부른다. 인간이 지금 위치에 이른 것은 모두가 슈퍼 천재여서가 아니다. 정치인, 유명 인사, 아니면 친척들만 얼핏 봐도 충분히 느낄 수 있다. 야생에서 혼자 자란 사람이 있다고 하더라도 다른 동물보다 유리할 것이 전혀 없다. 그리고 사람이 한평생 발명할 수 있는 것도 한계가 있다. 살아남으려고 발버둥 치느라 너무 바쁘지 않아야 발명도 가능하다. 역사를 보면 대부분의 기간 사람들은 그저 살아남기에 급급했다.

하지만 세대에서 세대로 발명이 이어지면서 인간은 생물권에 없었던 새롭고 독특한 존재로 자리매김했다. 마치 벽돌을 차곡차곡 쌓아 올리듯이 말이다. 발명은 느리지만 확실하게 축적되었고, 결국 몇천 년 만에 복잡성에서 극적인 변화를 불러왔다. 진화적 시간으로 보면 눈 깜짝할 사이 인류는 석기에서 고층 빌딩으로 천지개벽을 이루었다. 이것이 바로 집단학습의 힘이다.

아이작 뉴턴Isaac Newton은 중력에 대한 자신의 연구에 대해 얘기하며 자기는 거인의 어깨 위에 서 있을 뿐이라고 말했다(하지만 사실 이 말은 표절 행위를 감추기 위한 수사에 불과했다고 할 수 있다). 사실 이 '거인'은 인간의 역사를 통틀어 존재했던 수천, 수백만 명의 발명가로 이루어져 있다. 혁신을 축적하는 능력이 인간을 독특한 존재로 만들었다고 하는 이유다. 언어 능력이나 추상적 사고 능력보다 이 축적 능력이 거기에 더 크게 기여했다. 우리는 과거의 구체적인 사항을 기억하고, 역사를 기억하는 능력이 매우 뛰어나다.

호모 에렉투스에서 호모 사피엔스로

호모 에렉투스는 집단학습의 첫 조짐을 보여주었다. 그 시작은 참으로 초라했다. 호모 에렉투스는 돌도끼를 살짝 개선하는 데 수만 년이 걸렸다. 그럼에도 우리의 진화 레퍼토리에 집단학습이 등장한 것이다. 일단 집단학습이 생존에 유용하다고 자연선택이 판단 내리자, 새로운 종이 출현할 때마다 그 능력이 더욱 막강해졌다.

호모 안테세소르Homo antecessor는 120만 년 전 진화해 많은 수가 유럽으로 이주했다. 그곳의 춥고 낯선 환경에 대처하기 위해서는 혁신이 필요했다. 키와 체중은 호모 사피엔스와 비슷하지만, 뇌의 크기는 조금 작고, 언어의 형태는 훨씬 제한적이었다.

호모 하이델베르겐시스Homo heidelbergensis는 아프리카에서 70만 년 전 진화해 유럽과 서아시아로 느리게 퍼져나갔다. 이들은 뇌가 훨씬 커져 현대 인류의 평균적 범위에서 말단에 해당하는 수준이었다. 이들은 현대 인류처럼 말 속에 들어 있는 소리를 구분할 수 있는 꽤 예리한 감각을 가지고 상당히 정교하게 소통했을 가능성이 있다.

대략 40만 년 전에 등장한 네안데르탈인Neanderthals은 현대 인류에 필적할 만한 크기의 뇌를 갖고 있었다. 하지만 실제로 존재하지 않는 것에 대해 생각하고 소통하는 추상적 사고 능력은 제한적이었던 것으로 보인다.

호모 안테세소르, 호모 하이델베르겐시스, 네안데르탈인은 모두 집단학습의 조짐을 분명하게 보여주었다. 이들은 처음으로 화로에서 불을 체계적이고 일상적으로 사용했다. 그리고 최초로 날 달린 도구를 사용하고, 최초로 나무창을 사용하고, 돌을 나무에 고정시킨 합성도구composite tool를 최초로 사용했다.

호모 하이델베르겐시스는 유라시아 대륙 전체를 삶의 터전으로 삼은 최초의 호미닌[10]이 되었다. 심지어 네안데르탈인은 단열과 온기 유지를 위해 의복과 다른 문화적 혁신이 필요한 기후에도 적응했다. 이들은 질 좋은 석기 재료를 정교하게 사용해 끝이 날카로운 도구, 긁는 도구, 손도끼, 나무 손잡이 등 복잡하고 다양한 도구들을 생산했고, 시간이 흐름에 따라 수많은 변화를 주며 개선해나갔다. 이런 발명과 구세계 전체로의 영역 확장은 집단학습이 진화적으로 점점 더 강해졌음을 보여주는 명확한 신호다.

그러다가 31만 5,000년 전 해부학적으로 호모 사피엔스와 동일한 사람들이 처음으로 아프리카에 등장했다. 호모 사피엔스와 달리 호모 안테세소르, 호모 하이델베르겐시스, 네안데르탈인은 어째서 모두 멸종했을까? 간단히 말하면, 호모 사피엔스가 집단학습에 가장 탁월했기 때문이다. 예를 들어, 네안데르탈인이 차지하고 있던 곳에 들어간 호모 사피엔스는 자원 경쟁에서 그들보다 뛰어나 그들을 많이 죽였을 것이

---

10 분류학적으로 인간의 조상으로 분류되는 종.

다. 그리고 그들과 이종교배도 일어났다(아프리카 밖에서는 우리가 오늘날 가지고 있는 DNA 중 네안데르탈인에서 유래한 유전자가 상당히 많다).

호모 사피엔스는 집단학습 능력이 가장 뛰어났고, 가장 다양한 도구를 사용했으며, 새로운 환경에서 가장 잘 적응했다. 뇌가 컸고, 언어 능력도 더 발달했으며, 추상적 사고도 더 뛰어났다. 우리만 동굴에 벽화를 그리고, 보디페인팅을 사용하고, 음악을 연주하고, 보석으로 몸을 치장하고, 상징적 사고를 할 수 있었다는 사실이 이를 입증해준다. 구석기 시대의 적대적 환경에서 먹이를 구하고 생존하는 방법에 관한 거

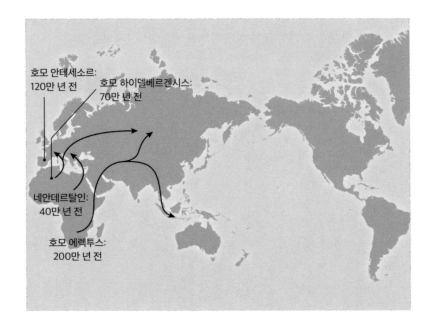

대한 지식 기반을 구축하는 과정에서 이 모든 특성이 집단학습 능력을 보완해주었다.

집단학습은 강화될수록 더 강해지는 두 가지 주요 원동력을 갖고 있었다.

1. 인구수: 한 인구 집단 안에 들어 있는 잠재적 혁신가의 수. 이들 모두가 기술을 향상시키고, 교리나 철학을 만들어내지는 못할 것이다. 하지만 이런 사람이 많을수록 그들 중 한 명이 크든 작든 혁신을 이룰 확률도 그만큼 높아진다.

2. 연결성: 과거의 아이디어를 바탕으로 새로운 아이디어를 구축하기 위해서는 과거의 아이디어에 접근할 수 있어야 한다. 말이나 문자로 표현된 지식 레퍼토리에 접근할 수 있거나, 그런 지식을 소유한 타인과 소통할 수 있거나, 더 나아가 협력할 수 있어야 한다. 요즘에는 스마트폰과 인터넷을 통해 알렉산드리아 도서관에 버금가는 방대한 지식에 즉각적으로 접근할 수 있어 연결성connectivity의 제한이 혁신에 어떤 제약을 가한다는 것인지 상상하기 어렵다. 하지만 인류의 역사 대부분에서 혁신을 가로막은 가장 큰 장애물 중 하나는 더 폭넓은 인간의 지식 풀에 접근할 수 없다는 것이었다. 인류가 존재하고 첫 30만 년 동안 우리의 공동체 규모는 고작 수십 명의 수렵채집인 정도로 제한되어 있었다.

뒤에서 보겠지만, 인간의 역사 중 상당 부분은 인구수와 연결성 강화,

그리고 그로 인한 가속의 역사였다. 지난 1만 년, 심지어 10만 년 동안 생물학적으로 얼마나 변화가 없었는지 생각해보자. 그리고 그와 같은 기간에 우리의 생활 방식이 얼마나 달라졌는지 생각해보자. 모든 것이 가속화되고 있다.

호모 사피엔스가 처음 등장한 날을 어떻게 정할 수 있을까? 우선, 동아프리카에서 1967~1974년에 발견된 오모Omo 유해가 있다. 방사선 연대 측정을 해보면 해부학적으로 동일한 이 호모 사피엔스 유해 중 가장 오래된 것이 19만 5,000~20만 년 정도 되는 것으로 나온다. 그리고 2017년에는 모로코에서 더 많은 호포 사피엔스 유해가 발견되었다. 이 유해의 연대는 대략 31만 5,000년 전이나 그보다 더 오래된 것으로 나왔다. 그래서 현재로서는 31만 5,000년 전이 가장 설득력 있는 우리 종의 출현 시기다. 하지만 새로운 발견이 이루어진다면 이 시기가 더 앞당겨질 수도 있다.

31만 5,000년 전 이후 호모 사피엔스에서 급속한 유전적 변화가 일어나 집단학습에 필요한 지능이나 용량이 현저하게 강화되었을 가능성은 크지 않다. 이들은 6만 4,000년 전 2차 대이동에 앞서 아프리카에서 장식용 구슬을 이용했고, 10만 년 전에는 새로운 물질을 찾아 땅을 파기도 했다. 또한 12만 년 전에는 물고기 낚시를 했고, 30만 년 전에는 보디페인팅을 했다.

그래서 우리는 해부학적으로 동일한 호모 사피엔스가 31만 5,000년

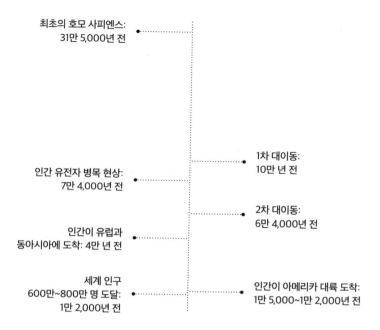

최초의 호모 사피엔스:
31만 5,000년 전

1차 대이동:
10만 년 전

인간 유전자 병목 현상:
7만 4,000년 전

2차 대이동:
6만 4,000년 전

인간이 유럽과
동아시아에 도착: 4만 년 전

세계 인구
600만~800만 명 도달:
1만 2,000년 전

인간이 아메리카 대륙 도착:
1만 5,000~1만 2,000년 전

전에 등장했고, 그 후 시기에 일어난 유전적 변화(피부 색깔, 머리 색깔, 눈 색깔, 그리고 훨씬 후에 나타난 유당내성lactose tolerance과 알코올에 대한 다양한 내성 등)는 미미한 수준이었다고 가정하고 이야기를 이어가겠다. 다른 종이나 아종으로 분류해야 할 만큼 큰 변화는 없었다.

석기 시대의 인간

이제야 제대로 된 인류 역사 영역으로 진입했다. 인류 역사 대부분 기간(우리가 존재한 전체 시간 중 약 95~98.5퍼센트)에 우리는 수렵채집인으로 작은 집단을 이루어 살면서 먹잇감을 사냥하고 채집하며 지구 여기저기를 돌아다녔다. 이 시기의 역사적 배우들은 현대 인류와 해부학적으로 동일해 오늘날의 우리와 동일한 범위의 감정과 발명 능력을 지니고 있었다. 따라서 그보다 앞선 시기 조상들보다 이 구간에 등장하는 호모 사피엔스는 감정을 이입하기가 더 쉽다. 이들도 우리와 같은 사람이었다. 우리가 이 시기에 태어났다면 그들과 똑같이 행동했을 것이다. 하지만 수렵채집인들은 빙하기가 찾아오고, 검치호에서 키가 3미터 정도 되는 육식성 캥거루에 이르기까지 무시무시한 대형 동물이 다양하게 살고 있는 세상에서 우리와 아주 다른 방식으로 살았다. 과거는 완전히 다른 행성까지는 아니어도 완전히 다른 나라와 같은 환경이었다.

31만 5,000년을 우리의 출발점으로 보면 우리 종의 기원 이후 대략 1,000억 명의 인간이 이 땅에 살다가 죽었다. 그중에서 160억~200억 명은 250년 전 산업혁명이 시작된 이후 살았고, 이 글을 쓰고 있는 현재는 거의 80억 명이 살고 있다. 1만 2,000년 전 농업을 시작한 이후 산업혁명 시작 전까지 550억 명이 살았던 것으로 추정된다. 1,000억 명 중 710억~750억 명이 여기에 해당한다.

그럼 31만 5,000~1만 2,000년 전 수렵채집인 시대에 살았던 사람은 250억~290억 명 정도였다는 얘기가 된다. 그 대부분 기간 중 사람들은 주로 아프리카에 살았고, 그 외 지역에 수많은 사람이 살게 된 것은 10만~6만 4,000년 전 일이다. 시기를 막론하고 어느 한 시점에서 지구가 최대로 감당할 수 있는 수렵채집인 수는 대략 600만~800만 명밖에 안 된다. 구석기 시대 대부분 동안 우리 인류의 인구는 50만 명에도 한참 못 미쳤다.

생물학적으로 보나 본능적으로 보나 인간은 수렵채집 생활에 최적화되어 있는 존재다. 우리는 그런 생활에 적응하도록 만들어져 있다. 농업 발명 이후 지난 1만 2,000년 동안 일어난 거대한 변화는 우리가 그런 변화를 좇아 진화할 만한 시간적 여유를 주지 않았다.

한마디로, 지금의 우리는 멋진 구두를 신고 있는 혈거인이라는 소리다.

빙하기

지난 250만 년 동안 추운 시기와 따뜻한 시기가 수차례 반복되어, 오랜 빙하기와 그 사이사이에 소위 간빙기(지금 우리도 간빙기에 있다)가 있었다. 호모 사피엔스가 아프리카에서 31만 5,000년 전에 진화한 이후 두세 번 빙하기가 있었다. 빙하기 동안에는 북아메리카, 유럽, 아시아의 넓은 부분이 얼음으로 덮여 있었고, 지구 전체의 평균 기온이 떨어져 아프리카 등 기존에 수풀이 우거져 있던 다른 지역들이 건조해지고 해수면의 높이도 낮아졌다.

끝에서 두 번째 빙하기는 19만 5,000년 전에 시작되었다. 이 기간에도 호모 사피엔스는 아프리카에서 건재했다. 이 빙하기가 6만 년 더 이어지다가 13만 5,000년 전에 간빙기가 시작되었다. 이 간빙기는 2만 년 동안 지속되다가 대략 11만 5,000년 전에 끝났다(간빙기는 일반적으로 빙하기보다 기간이 짧다). '마지막 빙하기'는 11만 5,000년 전에 시작되어 길게 이어져 10만 년이 조금 넘게 지속되었다. 이때 인류는 아프리카에서 나와 지구 전체로 퍼져나갔다.

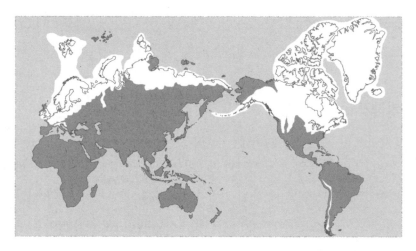

마지막 빙하기 당시 세계 |

마지막 빙하기의 정점에서는 지구의 지표면 중 30퍼센트 정도가 얼음으로 덮여 있었다. 얼음으로 덮이지 않은 곳에서도 온도가 낮아 숲이 산림지대나 심지어 사막으로 바뀌기도 했다. 겨울도 지금보다 더 길었다. 11만 5,000년 전에는 대부분 인류가 아프리카에 살았지만, 당시에는 오늘날의 아프리카보다 더 추웠다.

유전자 병목 현상

호모 사피엔스가 먹을 것을 찾는 방법은 수천 년 동안 똑같았다. 영토를 돌아다니며 사냥과 채집을 하다가 해당 지역의 먹잇감 동식물이 고갈되면 다른 영토로 이동하고, 그러면 기존의 영토는 자연의 힘에 의해 스스로 회복되는 방식이었다. 그러나 이런 방식으로 지구의 지표면이 감당할 수 있는 수렵채집인의 수는 600만~800만 명에 불과하다.

아프리카에서 인구가 늘어남에 따라 인류는 자신을 지탱해줄 식량을 더 많이 찾아야 했다. 이 문제를 해결할 방법은 아프리카에서 생산되는 식량의 양을 늘리는 것이 아니라, 새로운 영토를 찾아 더 멀리 떠나는 것이었다.

이런 상황이 10만 년 전 인류가 아프리카를 떠나 중동 지역으로 진출한 1차 대이동을 촉발했는지도 모른다. 이들이 멀리 인도까지 진출했다는 흔적이 있다. 이 영역들은 여전히 얼음으로 뒤덮이지 않은 상태였다. 하지만 이런 이동에도 불구하고 인류의 대다수는 아프리카에 남아 있었다.

우리의 DNA 역사를 보면 2차 대이동 전에 인류의 유전적 다양성이 극적으로 줄어든 흔적이 보인다. 이것을 설명할 한 가지 가설은 7만 4,000년 전 이 시기에 토바산에서 초대형 화산 폭발이 있었다는 것이다. 지금의 인도네시아 수마트라섬 한가운데 화산이 하나 있었다. 이 화산이 있던 자리에 지금은 호수가 자리 잡고 있다. 아니, 호수가 아니라 분화구라고 해야 할 것이다.

토바산은 히로시마에 투하된 원자폭탄의 150만 배, 그리고 오늘날 전 세계 모든 국가가 갖고 있는 핵무기를 모두 합친 힘으로 폭발했다. 적어도 세 배의 힘이었다. 이 폭발로 인해 전례 없을 만큼 많은 바위가 대기로 뿜어져 올랐고, 돌과 마그마가 거의 대륙급 규모로 흩뿌려졌다. 평균 15센티미터 두께의 화산재층이 남아시아와 동아시아의 모든 것을 뒤덮었고, 인도는 물론 아라비아, 멀리 동아프리카에까지 뿌려졌다. 더 많은 화산재가 대기로 유입되어 하늘을 가리는 바람에 이미 빙하기로 인해 괴로움을 겪는 상황에서 햇빛까지 차단되었다. 그 뒤로는 수십 년 동안 지구 전체에 겨울이 이어졌을 것이다. 인구도 1만 명 정도로 줄어들었을지 모른다. 어쩌면 3,000명 정도만 살아남았을지도 모른다.

지난 10년 동안 몇 명의 과학자가 토바산 가설을 반박하고 나섰다. 나는 우리의 DNA에 분명하게 남아 있는 유전자 병목 현상을 설명할 대안의 가설이 등장할 날을 기다리고 있다. 그 내용은 이 책의 2판을 기대하시라!

여하튼 유전자 병목 현상은 인종에 관해 아주 중요한 부분을 말해준다. 한마디로, 오늘날의 인류는 겨우 수만 년 전, 많아야 1만 명밖에 안 되는 사람에게서 나왔다는 사실이다. 이는 서로 다른 인종이나 민족 간에 현저한 유전적 차이가 생기기에는 충분하지 않은 시간이다. 사실 다른 영장류에 비하면 현대 인류는 유전적 다양성이 극단적으로 낮은 수준이다. 인류 전체보다 몇백 킬로미터 거리로 분리되어 있는 두 개의 침팬지 집단 사이에서 오히려 유전적 다양성이 더 크게 나타난다. 인간을 근친종이라고 할 수는 없지만, 우리는 모두 아주 가까운 친척 관계인 셈이다.

2차 대이동

6만 4,000년 전 우리는 두 번째로 아프리카를 떠나 외부로 나갔다. 인류는 불과 몇천 년 만에 아프리카에서 중동을 지나 인도와 인도차이나 반도까지 진출했다. 6만 년 전경 인류는 당시 빙하기로 인해 낮아진 해수면 덕분에 인도네시아에 드러났던 육교land bridge를 통해 도보와 뗏목을 이용해 오스트레일리아까지 가는 방법을 알아냈다.

석기 시대에 항해는 결코 쉬운 일이 아니었다. 인류가 오스트레일리아에 입성한 것은 달 착륙에 버금가는 큰 사건이었다. 그 후 2만 년에 걸쳐 인류는 차츰 오스트레일리아 대륙 곳곳으로 퍼져나갔다. 그리고 또 다른 육교를 통해 4만 년 전 태즈메이니아까지 갔다.

4만 년 전 즈음 인류는 북쪽의 더 추운 기후 지역으로 진출해 캅카스 산맥을 넘어 러시아로 들어갔고, 동쪽에서 유럽으로도 신속하게 진출했다. 가장 인상적인 부분은 인류가 점점 더 추운 기후 지역으로 계속해서 퍼져나가 적어도 2만 년 전에는 빙하기 시베리아에도 살았다는 점이다. 그런 추운 환경에서 필요한 생존 기술을 생각하면 대단한 일이다.

인류의 아메리카 대륙 진출에 관해서는 좀 더 면밀한 진술이 필요하다. 인류가 어떻게 그곳에 갔는지는 확실하지 않다. 2만~1만 5,000년 전에 시베리아와 알래스카 사이 베링해협을 횡단했다는 것은 분명해 보인다. 아마도 사냥감 동물의 무리를 따라 들어갔을 것이다. 하지만 빙하기 동안 이곳은 거대한 얼음판으로 덮여 있었기 때문에 사람이 알래스카 너머까지 이동하기는 힘들었을 것이다. 그러다가 1만 5,000~1만 2,000년 전에 얼음이 물러나면서 수렵채집인들이 이동할 수 있는 통로가 열려 남쪽으로 해서 아메리카 대륙으로 넘어갔을 수도 있다. 또 다른 가설도 있다. 인류가 얼음판을 우회해서 태평양 해안을 따라 천천히 뗏목으로 이동했으리라는 것이다. 아니면 두 가지 방법을 혼용했을지도

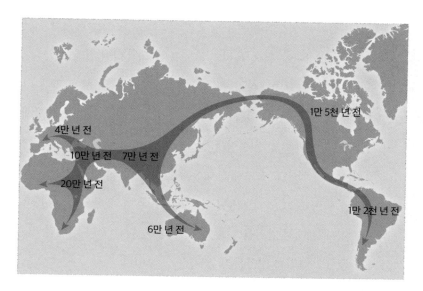

10만~1만 2,000년 전 인류의 이동 |

모른다. 어느 쪽이든 호모 사피엔스는 사람속genus Homo 중에서 아메리카 대륙에 진출한 최초의 종이 되었다.

구식 신경회로

인간은 수렵채집인으로서 삶에 굉장히 잘 적응되어 있다. 애초에 그런 삶을 살았던 기존 호미닌에서 진화해 나왔고, 그런 상태로 31만 5,000년을 존재해왔다. 하지만 인간의 혈통을 당장 끊어놓을 수도 있는 잠재적 위험 상황에 대처하며 살아야 했고, 우리의 본능 또한 그에 따라 진화했다.

　인간의 본능은 여러 면에서 소규모 수렵채집 공동체의 삶에 맞게 디자인되어 있다. 예를 들어, 인간관계에서 생기는 사회적 불안을 생각해보자. 현대 생활에서는 낯선 사람들 앞에서 강연하기 전에 불안을 느끼거나 첫 데이트를 앞두고 초조해할 이유가 없다. 당신이 살고 있는 도시에는 수백만 명이 살고 있기 때문이다. 물론 수백 명의 청중 앞에서, 혹은 데이트 상대 앞에서 망신을 당할 수도 있지만, 다음에 다른 집단이나 파트너를 상대로 기회는 얼마든지 있다.

　하지만 구석기 시대 수렵채집인들의 상황은 그렇지 못했다. 집단 크기가 고작해야 수십 명에 불과했고, 평생 그 사람들과 함께 보내야 했다. 그런 상황이어서 많은 사람 앞에서 바보 같은 짓을 하면 사회적으로 왕따를 당해 식량이나 짝에게 접근할 기회가 줄어들거나, 사람들의 마음에 안 들면 집단에서 쫓겨날 수도 있었다. 그리고 구애했다가 망신당하면 다른 사람들에게 소문이 날 것이고, 그러면 자신의 DNA가 유전자 풀에서 영원히 퇴출될 수도 있었다. 사실 친족 관계가 가까운 소규모 사회 위계에서 생기는 이런 위험은 적어도 500만 년 전 침팬지와의 마지막 공통 조상까지 거슬러 올라간다.

　이런 맥락에서 보면 인간관계와 관련된 상황에서 초조함을 느끼는 데는 진화적 의미와 이유가 있고, 우리의 본능 중에는 이와 비슷한 방식으로 진화한 것이 많다. 하지만 그중 상당수는 현대 생활과 잘 맞지 않는다.

수렵채집 생활과 사회

수렵채집은 사냥하고 채집하는 것을 말한다. 성적 이형(평균적인 체구와 힘의 차이) 때문에 보통 남자들은 사냥을 하고 여자들은 채집을 했다. 하지만 지난 2세기에 걸친 현대 수렵채집인 집단 연구를 통해 두 집단 간에 중첩이 있었다는 것이 밝혀졌다. 일부 여성은 사냥에 알맞은 신체적 능력과 전문 지식을 갖고 있었고, 일부 남성은 채집에 적합한 식물 관련 지식을 갖고 있거나 사냥하기에 너무 나이가 들거나 병약한 경우도 있었다. 그리고 요즘에도 사람마다 선호하는 직업이 다른 것처럼 그 당시에도 개인적 성향에 따라 한쪽 활동을 더 선호하는 경우가 있었다. 하지만 이런 것은 예외적인 상황이었고, 일반적으로 여성은 채집을 하고 남성은 사냥을 했다. 이런 일반적인 패턴은 적어도 200만 년을 거슬러 올라간다.

평균적으로 볼 때 수렵채집인은 식량 중 60퍼센트를 채집으로 얻었다. 사냥의 성과는 기복이 심했기 때문이다. 며칠 동안 고기 구경 한 번 못할 때도 있지만 한꺼번에 여러 마리가 잡혀 수지맞을 때도 있었다. 일부 사회 이론가들은 이 비율을 두고 수렵채집 집단의 여성이 정치권력과 역할 측면에서 완전한 평등주의는 아니라 하더라도 동등한 '하드파워'[11]를 지니고 있었을 거라고 해석했다. 하지만 이것은 현대의 수렵채집인 연구와 상반되는 주장이다. 그리고 이런 주장은 성적 이형, 그리고 남성이 남성이나 여성 모두에게 훨씬 폭력적이라는 사실을 무시한다. 한마디로, 남자가 돌로 당신의 머리를 내려칠 힘이 있는 상황에서는 견과류나 열매 등을 아무리 많이 가져봐야 소용없다는 얘기다. 인간의 권력 위계가 생산력만으로 결정된 적은 없었고, 지금도 마찬가지다. 만약 그랬다면 중세는 농사를 짓는 소작농들이 지배했을 것이다. 하지만 그보다는 강제, 전통, 집단 충성도 등에 의해 결정되었다.

그러나 수렵채집 사회가 단순히 이분법적인 것만은 아니었다. 계급이 낮은 남성보다는 계급이 낮은 여성이 더 귀한 대접을 받았다. 여성이 남성을 공격할 경우에는 별다른 문제가 생기지 않았지만, 남성은 여성을 단순히 모욕하기만 해도 수렵채집인 집단의 다른 남성들에게 죽임을 당할 수 있었다. 유일한 예외는 집단의 남성 지도자였다. 지도자는 계급 덕분에 문제를 피해가는 경우가 많았다. 성별보다는 권력과 계급이 더 중요했다.

대체로 수렵채집인들은 일부일처 관계를 유지하는 경우가 많았다(특히 의식을 갖춰 결혼하는 경우). 하지만 일부 계급이 높은 남성들은 사회적

---

11 군사력, 경제력 등을 앞세워 상대방을 조종하거나 저지할 수 있는 힘.

지위 덕분에 일부다처를 할 수 있었고, 그것을 종교로 합리화하는 경우가 많았다. 그 외 성적인 관계나 연애 관계는 지금만큼이나 격동적이고 비이성적이었다. 정서적 측면을 보면 이 인류는 현대 인류와 비슷했다. 따라서 아마도 뜨거운 사랑의 열병에서 떠들썩한 이별, 질투, 바람피우기에 이르기까지 동일한 수준의 감정을 경험했을 것이다. 그리고 이런 것 모두 개인 간 폭력의 원인으로 작용했을 가능성이 높다.

폭력은 그 후 다른 시기보다 수렵채집 시기에 더 빈번했다. 구석기 시대의 사람 골격을 연구한 바에 따르면 의도적인 폭력이 사망의 원인이었음을 보여주는 흔적이 많았다. 이때의 살인율은 10퍼센트 정도로 추정된다. 살해당한 사람은 대부분 남성이었다. 어느 현대 국가 혹은 지난 5,000년 동안 있었던 그 어느 사회보다 높은 사망률이다.

수렵채집 부족은 집단학살이 일어나거나, 한 문화집단이 다른 문화집단에 의해 정복되거나 흡수되는 과정을 통해 보통 평균 200년마다 멸종의 길을 걸었다. 인간의 한 문화가 수천 년 넘게 한곳을 차지하는 경우는 없었다. 인류의 역사 대부분에서 생물학적 집단학살 혹은 적어도 문화적 집단학살이 일어나는 것은 예외라기보다 하나의 법칙이었다.

부상이나 병에 걸리면 사형선고나 다름없는 경우가 많았다. 수렵채집인들은 식량이 귀한 곳에 들어가면 굶어 죽을 위험이 있었다. 뼈가 부러지거나, 상처가 감염되거나, 충치 같은 간단한 것으로도 죽을 수 있었다. 유아 사망률도 대단히 높아 50퍼센트 정도 아동이 만 5세 이전에 사망했다. 거기에 더해 수렵채집인들은 모두가 먹고살 식량을 찾기 위해 끊임없이 이동해야 하는 상황이어서 유아 살해 비율이 25퍼센트 정도로 꽤 높았다.

긍정적인 부분도 있었다. 하루 종일 식량을 채집할 필요가 없어 농사를 짓는 사람들의 평균 노동 시간은 9.5시간, 수렵채집인들의 하루 평균 노동 시간은 6.5시간 정도였다. 여기서 생기는 잉여 시간을 모닥불 주위에 모여 앉아 잔치를 벌이고, 춤을 추고, 짝을 찾는 등 다양한 사회화 의식에 사용했다.

식생활이 다양해짐에 따라 음식도 풍부해져(호시절에는) 수렵채집인들은 건강이 꽤 좋았다. 그리고 유랑생활을 하다 보니 여러 가지 바이러스나 전염성 질환이 생길 기회가 거의 없었다. 따라서 수렵채집인들은 그 후 농업기에 살았던 사람들보다 훨씬 건강했다. 전체적으로 볼 때 수렵채집기 인류는 현대 선진국이 등장하기 전 그 어느 시기보다 잘 살았다고 할 수 있다.

인류가 1만 2,000년 전 세계 곳곳으로 퍼져나갈 즈음에는 인구가 600만~800만 명으로 늘어났다. 인류는 적응 능력이 탁월하고 막강한 종임을 이미 스스로 입증해 보였으며, 개념이나 도구의 정교함 또한 사람속에 와서는 전례가 없을 정도로 발전했지만, 거대한 혁명이 임박해 있었다. 그 혁명을 통해 인류는 고대사와 근대사로 접어들지만, 거기에서 그치지 않고 불과 1만 2,000년 만에 엄청난 가속도가 붙는다. 그 정도면 우리가 지금까지 다룬 시간 척도와 비교해 찰나나 마찬가지다. 그리고 이 가속은 멈추기는커녕 현대에 들어 더욱 빨라졌다. 우리가 우주에 변화를 가져올지도 모를 신의 경지와 가까운 혁명을 목전에 두고 있음을 명심하자. 그리고 이 혁명은 모두 돌을 쪼개 도구를 만들던 몇백만 마리의 똑똑한 영장류에서 시작되었다.

8장

농업의 여명

인류는 작물의 광합성을 이용해 태양으로부터 오는 에너지 흐름을 더 많이 확보한다. 작물 덕분에 좁은 땅에서 더 많은 사람이 살 수 있게 된다. 더 많은 잠재적 혁신가들이 가까이 붙어살아 집단학습이 가속된다. 복잡성이 미친 듯이 폭발한다.

대이동 이후 수만 년이 지나는 동안 인류는 지구상 주요 지역으로 널리 퍼져나갔다. 마지막 빙하기가 끝난 이후 전 세계 수렵채집인 인구는 600만~800만 명으로 정점을 찍었다. 인구 규모가 가장 큰 곳은 아프리카-유라시아로 대략 500만 명에 이르며, 아메리카 대륙은 200만 명, 오스트랄라시아Australasia[12]는 50만~100만 명으로 추정된다. 4,000~800년 전이 되기 전에는 태평양의 섬 대부분이 사람이 아직 정착하지 않은 상태였다.

1만 2,000년 전 마지막 빙하기가 끝난 덕분에 중동 지역의 비옥한 초 승달 지대는 신록이 우거지며 식량이 풍부해졌다. 이로써 수렵채집인 세대들은 식량을 찾으러 이동할 필요가 없어졌다. 역사가와 고고학자 들은 이런 영역을 '에덴동산gardens of Eden'이라고 부른다. 수렵채집인들은 주변의 식물을 채집하고 동물을 사냥하는 반정주semi-sedentary 생활로 전환했고, 그로 인해 한 세대에 걸쳐 이동하는 거리가 크게 줄어들었다.

그러다가 인구가 폭발적으로 증가하며 먹을 것이 귀해져 수렵채집인 들은 고고학자들이 말하는 '정착 생활의 덫trap of sedentism'에 붙잡혀버렸 고, 굶어 죽지 않기 위해 식물이나 동물을 작물과 가축으로 키워서 먹을 수밖에 없었다. 이것이 농사의 시작이다. 이처럼 식량자원을 의도적으 로 재배함으로써 더 많은 인구와 더 높은 인구밀도를 감당해나갔다. 이 농업의 관행은 이집트로 퍼졌고(혹은 그곳에서 독자적으로 발전했거나), 중 동을 거쳐 점차 유럽으로 퍼져나갔다.

중국에서는 대략 1만~9,500년 전에 북쪽의 황허강과 남쪽의 양쯔강 계곡에서 비슷한 '에덴동산'이 등장했다. 마찬가지로 동아시아 거주민 들도 더 큰 인구 집단을 감당하기 위해 식물과 동물을 가축화했다. 그에

---

12 오스트레일리아, 뉴질랜드, 서남태평양 제도를 포함한 남태평양 제도 전체를 아우르는 용어.

따라 농업이 인도차이나와 일본으로 전파되었다. 그리고 중동 지역과 동아시아 지역에서 자리 잡은 농업 관행은 차츰 남아시아, 특히 인더스 계곡으로 전파되었다.

사하라 사막과 바다가 장벽으로 작용하는 바람에 농업 관행이 특정 지역으로는 전파되지 못했다. 서아프리카에서도 '정착 생활의 덫'이 약 5,000년 전 나이저강과 베누에강 계곡에서 독립적으로 일어나 서아프리카 곳곳으로 퍼졌다. 이 지역들은 오늘날까지도 아프리카에서 인구 밀도가 가장 높다. 그로부터 수천 년이 흐른 뒤에는 농업이 아프리카 최남단까지 전파되었지만, 완전히 자리 잡지 못하고 혼재되어 오늘날까지도 전통적인 유목 생활을 고수하는 아프리카인이 많다.

한편 메소아메리카에서는 5,000년 전에 정착 생활의 덫이 일어나 남쪽으로는 페루, 북쪽으로는 미국 남서부 푸에블로족 사회까지 점진적으로 퍼져나갔다. 가장 흥미로운 부분은 5,000년 전에는 인구가 굉장히 적은 뉴기니에서도 독립적으로 농업이 발명되었다는 점이다.

오스트레일리아에서는 수렵채집이 주된 삶의 방식으로 남아 있었으나 주목할 만한 예외가 있었다. 바로 불쏘시개 농사fire-stick farming(숲에 불을 놓아 길을 내고, 야생동물을 잡고, 땅을 비옥하게 만드는 농사법)다. 이것은 생산성이 대단히 높은 방식이었다. 그리고 수천 명의 정주 인구를 유지하던 오스트레일리아 남부에서는 수경재배 사례도 나타났다.

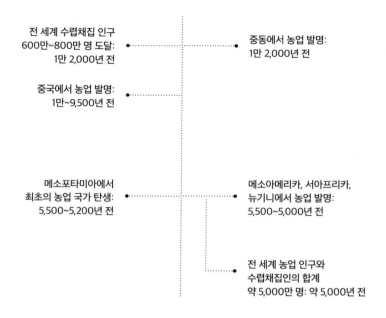

전 세계 수렵채집 인구
600만~800만 명 도달:
1만 2,000년 전

중동에서 농업 발명:
1만 2,000년 전

중국에서 농업 발명:
1만~9,500년 전

메소포타미아에서
최초의 농업 국가 탄생:
5,500~5,200년 전

메소아메리카, 서아프리카,
뉴기니에서 농업 발명:
5,500~5,000년 전

전 세계 농업 인구와
수렵채집인의 합계
약 5,000만 명: 약 5,000년 전

작은 씨 하나가 가져다준 놀라운 복잡성

몇몇 지표를 보면 농업의 시작은 우리가 이야기하는 복잡성 발전 과정
에서 새로운 전환점에 해당한다. 우선, 인류가 자신의 복잡성을 유지하
는 데 사용할 에너지 흐름의 양이 불을 통제해 사용하던 수렵채집인 공
동체에서는 40,000erg/g/s 정도였으나 근대 이전 평균적인 농업 공동
체에서는 100,000erg/g/s로 두 배 이상 늘어났다. 태양 자체는 에너지

흐름 점수가 2erg/g/s에 불과하고, 단세포 생명체는 900erg/g/s, 대부분의 다세포 생명체는 무엇을 하느냐에 따라 5,000~20,000erg/g/s임을 명심하자.

구조적으로 보면 농업 사회는 단일 유기체 안의 세포 네트워크에 불과한 존재가 아니라 인간, 식물, 동물 등 서로 다른 다양한 생명체로 이루어진 취약한 그물망이다. 그리고 사회적 그물망은 우주 전체에서 구조적으로 가장 복잡하고 에너지 흐름 밀도도 가장 높은 존재 중 하나다. 만약 우리 역사가 1만 년 전 신석기 시대에 멈췄다고 해도 이것은 여전히 우주의 역사에서 주목할 만한 이정표로 남았을 것이다.

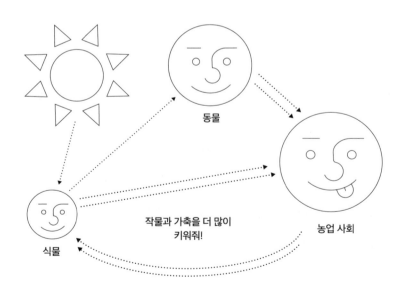

간단히 말하면, 빅뱅 직후 등장한 불균질하게 분포된 작은 점과 같은 에너지 덩어리 하나, 그 안에 웅크리고 있는 우리 태양계, 그리고 그 안에 자리 잡은 작은 바윗덩어리 하나에서 작은 에너지 점 하나가 점진적으로 강도가 높아지고 밀도가 점점 더 높아지다가 주변에 있는 거대한 우주 속 그 무엇보다 복잡한 존재가 된 것이다.

수렵채집인과 농부 모두 지구 위 다른 대부분 생명체처럼 태양에서 오는 이 에너지 흐름의 큰 줄기를 포획했다. 수렵채집인들은 자기 지역을 돌아다니며 식물(광합성을 통해 에너지를 얻는다)을 채집하고, 동물(마찬가지로 그 식물을 먹는다)을 사냥하고, 나무(나무도 태양에서 에너지를 얻는다)를 태워 식물과 동물을 요리해서 먹었다.

하지만 농부들이 야생에서 자연적으로 자란 것들에만 의존한 것은 아니다. 야생에서 자란 것 중에 사람이 먹을 수 없는데 소중한 공간을 차지하는 것이 있어, 농부들은 숲을 밀고, 흙의 힘을 키우고, 밭에 물을 댄 뒤 에너지가 풍부한 식용 작물을 심었다. 그리고 거기서 생산한 작물을 먹고 가축에게도 먹였다. 인간은 사냥을 통해 야생동물 몇 마리를 잡아들이는 대신 가축을 길러 양모, 우유, 고기를 얻었다. 인간은 에너지 효율이 더 높은 종을 키우기 위해 점차 식물과 동물을 선별적으로 교배해 더 기름지고 살이 많은 가축과 수확량이 높은 곡물을 만들어냈다.

이것은 종이 환경에 적응해서 변하는 것이 아니라 환경을 자기에 맞게 변화시키는 전환점이 되었다. 결국 이 새로운 삶의 방식으로 인해 인구 수용 능력이 더욱 커졌다. 농업 덕분에 땅을 기반으로 살아가는 사람의 수가 극적으로 늘어났다. 수렵채집 시대에 비하면 제곱킬로미터당 10~100배 정도 늘어났다. 수렵채집인 800만 명에 불과했던 지표면의 인구 수용 능력이 갑자기 농부 8,000만 명, 그리고 마침내 8억 명으로 늘어났다.

증가한 에너지 흐름, 그로 인한 인구 증가가 집단학습에 양의 되먹임 positive feedback 효과를 일으켰다. 농업의 발달과 함께 사람(잠재적 혁신가)이 많아지고, 그로 인해 각각의 세대에서 혁신이 일어날 확률이 높아졌다. 그리고 이런 혁신이 다시 새로운 농사 방식 개발이나 새로운 작물, 도구

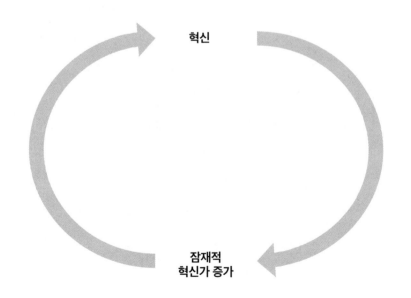

혁신

잠재적
혁신가 증가

혹은 기술 발전으로 이어져 인구 수용 능력을 더욱 증대시켰다. 이것은 인구 증가로 이어지고, 다시 더 많은 혁신으로 이어져 가속이 붙었다.

농업 사회는 수렵채집 사회보다 혁신 속도만 빨라진 것이 아니다. 농업 지역에는 빠른 시간에 많은 인구가 모여 들었다. 사람들은 몇십 명씩 집단을 이루어 유목 생활을 하는 대신 수백 명씩 마을을 이루어 농장에서 살았다. 수렵채집인들은 농업 사회의 기술적 진화 속도를 따라잡기 어려웠을 뿐만 아니라 얼마 지나지 않아 수적으로도 밀렸다. 자유롭게 사냥과 채집을 하던 땅이 정착한 농부들에게 점점 잠식당했다. 이런 압박으로 말미암아 수렵채집인들은 더 먼 곳으로 이동하거나 정착해서 농사를 짓게 되었다. 그 결과 수렵채집인들은 굶주림에 못 이겨 농업 공동체에서 약탈과 폭력을 저질렀다. 거기에는 보복 위험이 뒤따랐다. 그후 1만 2,000년 동안 농업 사회가 등장한 곳에서는 어디서든 수렵채집인과의 경계 지역에서 이런 비극이 되풀이되었다.

술, 질병, 배설물

대략 1만 2,000~5,000년 전 농업 사회는 농장과 마을만으로 이루어져 있었다. 도시도, 국가도, 군대도, 문자도, 왕조도 존재하지 않았다. 일반적 의미의 통상적 역사에 등장하는 것들이 없었다. 농장과 마을만으로 이루어진 세상이 7,000년 정도 이어졌다. 그 기나긴 시간 동안 점점 더 많은 사람이 농사에 손을 대기 시작했고, 거기에 동반된 온갖 질병이 따라왔다. 국가가 출현하기 전 이런 시기를 초기 농업 시대라고 부른다.

초기 농업 시대에는 일반적으로 구석기 시대나 농업 국가 시대(이 경우 환경에 따라 차이가 많지만)에 비해 생활수준이 떨어졌다. 초기 농업 시대 전반에 걸쳐 농부들은 석기를 이용했다. 이 도구들에서는 집단학습의 힘을 증명해주는 창의성이 엿보이지만 그다지 효율적이지는 못했다. 초기 농부들은 퇴비 사용이나 물대기에도 신통하지 못했다.

그 결과 초기 농업 시대의 인구 수용 능력은 전반적으로 낮은 편이었다. 최초의 농부들은 초기에는 폭발적 풍성함을 누렸을지 모르지만, 그 후에는 인구 과잉, 영양 부족, 굶주림, 기근 시기가 많았으리라는 의미다. 이 시기에는 가축의 노동력도 제대로 활용하지 못했기 때문에 씨앗을 심고 밭을 가는 일 모두 원시적인 석기를 이용해서 사람이 직접 했다. 돌도끼로 숲을 베어내고, 돌호미로 거친 흙을 일구고, 돌이나 뼈로 만든 손낫으로 작물을 수확하는 일 모두 어른과 아동의 노동에 의존했다(수렵채집에 비해 아이를 더 많이 낳는 것이 유리한 또 한 가지 이유).

당시에는 동물의 똥을 비료로 사용할 수 있음을 알지 못했다. 그래서 흙 안에 들어 있던 영양분이 빨리 고갈돼 몇 년 만에 쓸모없는 땅으로 바뀌었다. 초기 농업은 천연 수원(강)에 크게 의존했다. 더 넓은 땅을 작물 재배에 적합한 땅으로 변화시킬 수 있는 정교한 관개기술을 수행할 만한 기술도, 인력도 없었기 때문이다. 그래서 효과적으로 농사를 지을 수 있는 땅이 제한되어 있었다.

기근이 없는 경우에도 초기 농업 시대 생활 조건은 구석기 시대에 비해 상당히 힘들었다. 수렵채집인들은 꽤 다양한 식생활을 했고, 정상적인 환경에서는 규칙적으로 몸을 씻었다는 증거도 많다. 그리고 이들은 가축 없이 작은 공동체를 이루어 끊임없이 움직이며 살았기 때문에 전염병도 거의 없었다. 반면 초기 농업 시대에는 사람들이 평생 이동하는 일 없이 몇 제곱킬로미터의 땅덩어리 안에 눌러살았다. 그래서 음식물 쓰레기(썩은 채소, 썩은 고기, 죽은 동물의 내장 등)와 부적절하게 버려진 사람과 동물의 배설물이 집 가까운 곳에 그대로 방치되어 비위생적인 환경으로 인해 질병에 취약했다. 그 결과 발진티푸스와 콜레라가 돌아 많은 사람이 죽었다. 발진티푸스는 맹독성 세균에 의해 발병하는데, 음식에 의한 상호 접촉으로 사람에서 사람으로, 혹은 식수원을 통해 전파되었다. 일단 이 세균에 감염되면 전염성이 대단히 높았고, 피로감, 부종, 통증, 발열, 섬망delirium,[13] 환각, 심장 이상, 궤양, 장출혈 등을 앓았다. 콜레라는 소화관으로 침투한 세균에 의해 발생하며 심한 설사와 구토를 일으키기 때문에 탈수 증상이 나타나 피부가 움츠러들고, 눈이 푹 꺼지고, 피부가 파란색으로 변하다가 결국 사망했다. 다른 사람과 가축이

---

13 사고장애, 환각, 착각, 망상 등의 증상을 보이는 의식장애.

대규모로 가까이 붙어사는 곳에서는 바이러스와 매독도 창궐했다. 이런 전염병은 기침이나 재채기를 통해 전파되었다. 특히 매독은 피부를 흉하게 망가뜨리고 뇌의 부종, 발작, 발열, 사망을 일으켰다.

사람들이 가축과 마찬가지로 자기 식수원에서 자주 몸을 씻고 대변을 본 것도 영향을 미쳤다. 목욕한다고 깨끗해지는 것이 아니라, 오히려 질병에 걸릴 수도 있었다. 그래서 일부 지역에서는 개인 위생에 대한 관심이 시들해지고 규칙적인 목욕이 실제로는 건강에 이롭지 않다고 여기게 되었다(어떤 지역에서는 관습에 따라 규칙적으로 몸을 씻었다). 그 결과 목욕을 하지 않아 건강 문제가 더 악화되었다. 수천 년 동안 믿고 사용할 만한 비누도, 살균제도 없었다. 그리고 사람들은 체취, 식생활과 구강 위생관리 미흡으로 인한 입 냄새, 충치에 익숙해졌다.

이런 원인들로 인해 식수가 오염되는 문제가 발생했다. 심지어 식수를 마시는 것만으로도 건강에 상당히 해로울 수 있었다. 그러자 한 가지 행복한 결과물이 등장했다(관점에 따라서는 불행한 결과물이 될 수도 있다). 알코올이 발명된 것이다. 발효해서 물을 탄 벌꿀 술, 맥주, 와인은 물보다 더 안전하게 마실 수 있었다. 그렇다고 인류가 수천 년 동안 꼭지가 돌도록 술을 마시며 보냈다는 의미는 아니다(인간이 내린 어떤 판단에 대해서는 이렇게 설명하는 것이 재미있겠지만). 그 당시 대부분 알코올 음료는 19세기와 20세기 들어 유흥을 위해 상업화해서 팔기 시작한 증류주만큼 도수가 높지 않았다. 근대 이전 맥주의 평균 알코올 농도는 2퍼센트 정도였다.

그러나 전체 인구의 10~25퍼센트가 알코올 중독에 빠진 끔찍한 상황은 인간이 농사를 짓기 훨씬 전부터 있었다. 6,600만 년 전 뒤쥐shrew처럼 생긴 우리의 조상 동물은 썩어가는 과일과 야생 곡물을 먹으면서 발효된 소량의 알코올을 함께 섭취했다. 그 덕분에 그 작은 뇌 속에서 적으나마 도파민의 보상을 얻었다. 이런 행동을 고취하기 위해 쾌락 반응이 진화했다. 이 반응은 우리 조상 동물이 부패한 것을 섭취하게 만들어 굶주림을 피하고 생존 가능성을 높이게 했다. 하지만 알코올을 대량 생산하기 시작하자 인류는 사실상 술독에 빠지게 되었고, 이런 신경학적 반응은 과열 모드로 접어들었다.

초기 농부들은 또한 가축과 가까운 곳에 살거나 아예 한집에서 살기도 했다. 그래서 사람과 가축 간에 바이러스와 세균 전파가 쉬워져 조류 독감과 돼지 독감을 배양하는 꼴이 되었고, 그 바람에 이런 전염병이 인구 집단을 휩쓸며 유린했다. 먹을 것과 쓰레기가 있으니 쥐, 벼룩, 바퀴벌레 같은 해충들이 들끓었다. 사람과 온갖 더러운 해충들이 한데 어울려 살아 친절하게도 다양한 형태의 감염, 이질, 무서운 전염병의 변종 등 새롭고 다양한 질병을 공유했다.

이런 얘기가 매력적으로 들리는가? 지금까지 이야기를 살펴보면서 '복잡성'이 곧 '진보'와 같은 말이라고 생각한 사람이 있다면, 초기 농업 시대 이야기가 그런 오해를 바로잡아줄 것이다.

마을의 역할

사람을 죽음으로 내몰 수 있는 기근, 해충, 질병 등의 문제를 제외하면 초기 농업 사회는 수렵채집 사회보다 같은 면적을 기준으로 할 때 훨씬 많은 사람을 먹여 살릴 수 있었다. 그 결과 집단학습과 그에 따르는 복잡성 증가가 가속화되었다.

수렵채집 시대에는 가족이 사회를 하나로 묶는 중심이었다. 친족 관계가 통치 유지의 주요 방식이었고, 집단 구성원들 간에 의식을 갖춘 결혼을 통해 동맹을 유지했다. 그러다가 농업의 등장으로 이런 사회적 복잡성에 층이 하나 더 추가되었다. 농장은 여전히 가족으로 구성되어 있었고, 각각의 가족 구성원은 먹고살기 위해 자기가 맡은 역할에 일상적으로 참가했다. 그리고 이웃 농장 간에 결혼이 이루어졌다.

하지만 농업 사회의 사회생활은 마을에 모여 이루어졌다. 마을은 몇백 명의 사람이 함께 살아가는 공간이었다. 사람들은 이곳에서 농산물, 도구, 정보 등을 교환하고 더 큰 공동체에 영향을 미치는 일을 관리하는 데도 참여했다(곡물 수확량, 날씨에서 생기는 문제, 침입자들의 위협, 가족 간 분쟁 해소 등). 마을은 더 큰 공동체에 기근이 닥쳤을 때에 대비해 곡물을 비축해두는 공간이기도 했다. 초기 농업 시대에는 종교도 발달했던 것으로 보이며, 마을 사람들은 점점 정교해지는 장례 의식에도 참여했다. 이런 장례 의식에서 온갖 보석과 장식물이 등장해 사회적 지위를 보여주었으며, 그에 따라 위계질서가 점점 정립되었다.

폭력은 대부분 수렵채집 시대와 마찬가지로 개인과 개인 간에 이루어졌다. 하지만 정착 생활이 본격화되고 토지 소유권, 곡물 수확, 가축 소유라는 개념이 도입되면서 재산을 두고 충돌이 벌어지기 시작했다. 이런 충돌은 점점 이웃 간 절도나 토지 소유에 대한 분쟁으로 나타나기도 했고, 이런 경우 공동체가 중재에 나섰다.

침입자라는 새로운 문제도 등장했다. 이웃한 문화권(다른 정착 농부들이나 유목 수렵채집인)에서 농장으로 쳐들어와 작물, 가축, 도구 등을 약탈하고 심지어 여자와 아이들을 납치하기도 했다. 메소포타미아의 아부 후레야Abu Hureya 마을 같은 초기 농업 정착지에는 1만 년 전(기원전 8000년)에 정착 농부들이 모여 살았는데, 방어 기구의 흔적이 별로 보이지 않는다. 하지만 농업 시대가 이어지면서 농업 공동체들은 마을 주변에 장벽, 참호, 감시탑 등을 건설하기 시작했다. 가장 인상적인 사례 중 하나는 중국의 반포Banpo 마을이다. 이 마을은 7,000~5,000년 전(기원전 5000~3000년)까지 지속되었고, 거주민들이 모두 바깥으로 참호를 두른 벽 안쪽에 모여 살았다.

그보다 훨씬 오래된 사례도 있는데, 비옥한 초승달 지대에 있던 예리코Jericho 정착지다. 이곳은 1만 1,500년 전에 농장 마을로 바뀌었다. 원래 이 정착지에는 방어용 구조물이 없고 샘물 주변으로 집만 무리 지어 있었다. 이 샘물은 원시적 물대기용 도랑을 통해 주변 10제곱킬로미터의 농장으로 전용되었다. 하지만 1만 년 전에는 마을 주변으로 벽이 세워졌다.

　두 사례 모두 목적이 명확해 보인다. 농부들 간에 교역이 이루어지고, 일부 곡물을 비축한 마을에서는 대규모 침입자들이 쳐들어와 공동체의 재산을 약탈해가지 못하도록 방어시설이 필요했다. 하지만 마을에 이런 방어용 구조물이 존재한다고 해서 대규모 전쟁이 있었다는 의미는 아니다. 초기 농업 사회에는 그런 전쟁에 동원할 자원이 부족했다. 틈틈이 습

중국 시안의 신석기 시대 마을 반포 발굴지 |

격을 받으면 지역 농부들로 결성된 민병대가 이에 맞서 변경지대에서 소규모 전투를 벌였다.

권력과 위계

이렇게 추가된 사회적 층을 조직화하고, 인구밀도가 높아진 농업 공동체에서 발생하는 법적 문제와 방어 문제를 해결하기 위해 '확고한 위계질서'의 소우주가 형성된다. 이 위계질서는 개인에 의한 단순한 통치 이상의 의미를 지닌다. 즉, 인류가 한 번도 접해보지 못한 지배계층이 탄생한 것이다. 초기 농업 시대에는 절대적 대다수 인구가 근근이 먹고살기 위해 농사에 종사했음을 명심하자. 따라서 분쟁을 중재하고 한 사람의 개인이나 한 가족의 힘으로 진행할 수 없는 기반 기설 프로젝트를 조직하는 권한을 가진 사람은 극히 소수였다.

농업 공동체에서 그런 권한을 가진 사람은 두 가지 방법 중 하나(혹은 양쪽 모두)를 통해 선출되었다. 첫 번째 방법은 가장 초기에 이용되었을 가능성이 높은 '상향식 권력'이다. 여기서 권력이란 명령을 내려 사람들이 따르게 하는 권한을 가진 개인이나 의회를 의미한다. 이것을 좀 더 보편적인 용어로 옮기면, 식량 혹은 권한이 있는 개인이 설계한 목적을 달성하기 위한 인간의 노력 형태로 발생하는 에너지의 흐름을 지휘하는 것을 말한다.

이 '상향식' 시나리오에서는 농업 공동체가 경험이 많거나 분별력 있는 개인(일반적으로 나이가 많은 연장자나 연장자 의회)을 그런 권력자로 뽑아 분쟁을 중재하고, 공동체를 대신해서 결정을 내리게 했다. 여기서 내린 결정은 공동체 전체(에너지 흐름의 시스템)에 영향을 미쳤다. 그리고 이런 결정을 내리고 임무를 수행할 시간적 여유를 제공하기 위해 이 연장자들은 직접 농사를 짓지 않아도 공동체로부터 음식을 제공받았다. 그래서 생계유지에 시간을 뺏기지 않아도 되었다. 처음에는 공로를 바탕으로 사람을 뽑았고, 협조하고 싶지 않은 개인이나 소수 분파가 불만을 표시하는 경우 말고는 별다른 강압 없이 공동체 전체가 그 결정을 따랐다.

이런 면에서 보면 초기 농업 사회의 위계질서는 가장 원시적인 수렵 채집 사회와 비교해 별로 다를 것이 없었다. 모든 영장류는 일종의 지배 위계를 갖고 있다. 다만 차이점이라면 일단 농업 집단의 인구가 수백 명이나 수천 명 단위로 증가하자 한 명의 연장자나 연장자 집단이 그저 가장 강한 자가 되거나 가장 강력한 동맹 관계를 유지하는 것만으로는 지배력을 유지하기 어려워졌다. 농업 공동체 안에는 통치자가 개인적으로 관계를 맺을 수 있는 사람이 너무 많았다. 대신 권력 구조 안에서 투표를 통해, 상속을 통해, 혹은 종교적 의식을 통해 권력을 부여하는 공식적 절차가 생겨났을지도 모른다. 그리고 그렇게 정해진 권력자의 명령을 따르도록 연장자들은 스스로 자원하거나 대가를 받고 일하는 집행자가 필요해졌을 것이다.

여기서 권력 확립의 두 번째 방법이 등장한다. '하향식' 방법이다. 이때는 공동체의 합의가 꼭 필요하지 않다. 한 개인이나 의회가 물리적 폭력으로 자신의 권한을 뒷받침하기 때문이다. 농업 정착지에서 방어시설을 구축할 즈음에는 집단적으로 폭력을 행사할 수 있는 민병대나 남성 집단이 존재했을 것이다. 이 물리력은 외부인을 상대로 싸우는 데만 사용된 것이 아니라, 명령을 따르지 않거나 공동체의 분쟁에서 중재를 받아들이지 않는 구성원에게도 사용되었다. 이런 집행자들은 자신의 노력에 대한 대가로 추가적 에너지 흐름이 필요했다. 그래서 이들도 자신의 모든 시간을 농사에 투자할 필요가 없었다. 이런 에너지 흐름 주기를 유지하기 위해 연장자들은 항상 집행자들을 이용해 주변 인구 집단에서 추가로 공물을 끌어모았다. 이와 같은 일들은 모두 합법성이라는 허울 아래 마을 내부의 합의를 통해 점진적으로 이루어졌을 것이다.

초기 농업 사회에서는 우리에게 민주주의적 성향을 뿌리내리게 한 기나긴 이데올로기적 조건화 역사가 없었음을 명심하자. 그래서 통치자를 민주주의에 따라(혹은 최소한 능력주의에 따라) 상향식으로 뽑던 관행에서 세습되는 기득권적이고 귀족적인 위계로 꽤 신속하게 전환되었을지도 모른다.

이것은 과거 영장류 시절 본능에서 크게 벗어난 것이 아니다. 영장류의 경우를 봐도 침팬지는 세습을 기반으로 동맹을 유지하기 때문에 계급이 높은 구성원의 새끼들은 부모가 누리던 동맹과 보호를 그대로 물려받는다. 이와 같이 리더십 전통(민주주의, 능력주의, 세습주의)이 발전한 정확한 시간은 지역과 문화권마다 다르지만, '상향식' 접근 방법과 '하향식' 접근 방법 사이 시간 경과가 모두 균일하지 않았을 수도 있다.

통상적으로 말하는 역사에 가까워지다

권력을 두고 벌어지는 이 모든 음모가 익숙한 듯 불쾌하게 느껴질 수도 있겠지만, 이 시기에는 대부분 사람이 가까운 친족으로 이루어진 작은 농업 공동체에서 자신의 상황에 적합한 가치관을 가지고 살았음을 기억해야 한다. 여기에는 가까운 가족과 친한 이웃도 포함된다. 수렵채집 공동체가 대체로 안정적이고 살 만했던 것처럼, 이 사회도 살 만했다. 오늘날에도 정치는 여전히 소란스럽고 추잡하지만, 당신이 속한 공동체에는 건강하고 행복한 삶을 누릴 수 있는 요소들이 갖추어져 있듯이, 시대를 막론하고 삶이란 자신이 만들기 나름이다.

　인간이 살았던 모든 시기를 하나로 엮는 공통점이 이 시점에는 모두 자리 잡고 있었다. 우리는 31만 5,000년 동안 기능적으로 동일한 인간이었기 때문이다. 지난 5,000년 동안 펼쳐진 통상적 역사에서 가장 주

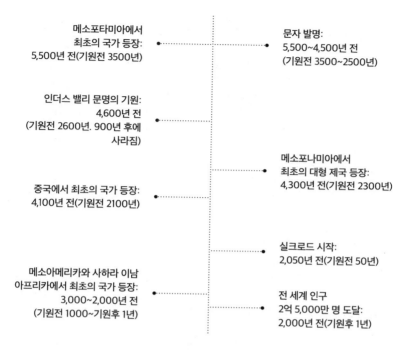

메소포타미아에서
최초의 국가 등장:
5,500년 전(기원전 3500년)

문자 발명:
5,500~4,500년 전
(기원전 3500~2500년)

인더스 밸리 문명의 기원:
4,600년 전
(기원전 2600년. 900년 후에
사라짐)

메소포나미아에서
최초의 대형 제국 등장:
4,300년 전(기원전 2300년)

중국에서 최초의 국가 등장:
4,100년 전(기원전 2100년)

실크로드 시작:
2,050년 전(기원전 50년)

메소아메리카와 사하라 이남
아프리카에서 최초의 국가 등장:
3,000~2,000년 전
(기원전 1000~기원후 1년)

전 세계 인구
2억 5,000만 명 도달:
2,000년 전(기원후 1년)

목할 만한 측면은 그 기간에 일어난 변화 속도가 얼마나 빠르고 '비통상
적'이었으며, 여기서부터 복잡성이 얼마나 뚜렷하게 등장했는가 하는
것이다.

9장
농업 국가

최초의 농업 국가가 등장한다. 전 세계 인구가 극적으로 증가한다. 성쇠 주기가 인간의 역사에 어두운 그림자를 드리운다. 국가 간 교역이 집단학습을 강화한다. 인쇄 기술의 진화로 지식 공유가 맹렬하게 이루어져 더 많은 사람에게 지식이 퍼져나간다.

이제부터 통상적인 역사가 시작된다. 더 놀라운 점은 통상적인 역사 대부분(첫 6,000년)을 단 하나의 장에서 다룬다는 점이다. 복잡성과 집단학습이라는 포괄적 주제를 따라가면 이것이 가능하다. 이 패턴은 인간사의 총체를 이루는 온갖 이름, 날짜, 사건을 한 방에 녹이는 일종의 용매 역할을 한다. 진화론을 통해 화석 기록으로 남은 수십억 생물 종의 대학살을 이해할 수 있는 것처럼 말이다.

농업 국가는 작물과 가축을 통해 태양으로부터 전례 없는 수준의 에너지를 수확했고, 80~90퍼센트의 사람이 농부로 남아 있었다. 집단학습을 통해 농업의 효율이 차츰 높아져 농업이 지구 전체로 퍼져나가면

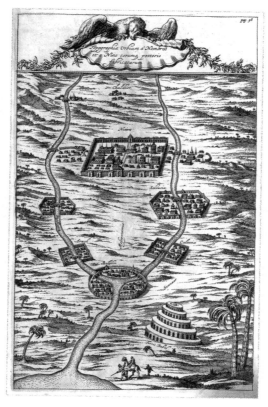

바빌론과 니네베의 17세기 지도 |

서 도시, 관료, 군대, 장인, 서기, 농사를 짓지 않는 통치자 등 전에 없던 새로운 것이 등장했다. 구조적 복잡성이 다음 차원으로 넘어간 것이다. 집단학습으로 인해 전 세계 인구가 증가했지만, 출생률 증가와 보조를 맞추지 못해 인구 위기가 재발했고, 시민들 간에 폭력이 심각해지고 심지어 제국의 멸망으로 이어지기도 했다. 정치적 사건에 영향을 미쳤던 이 인구 주기를 '추세적 주기secular cycle'라고 한다. 이런 추세는 통상적 역사라는 파도 표면에서 넘실거리는 거품을 실질적으로 움직이는 깊은 물결을 형성한다.

도시의 등장

초기 농업 시대에는 약 800만 명이던 전 세계 인구가 5,500년 전(기원전 3500년)경에는 5,000만 명으로 늘어났다. 집단학습을 위한 잠재적 혁신가의 수도 많아져 발전에 가속이 붙었다. 초기 농업 시대에서 농업 국가 시대(5,500년 전 시작)로의 전환은 다음과 같이 정의된다.

1. '노동 분화'된 대도시 등장(농업에 종사하지 않는 사람도 잉여 작물로 뒷받침)
2. '문자' 등장
3. '추세적 주기' 시작(이 주기가 제국 흥망의 원동력 제공)

농사에 종사하지 않는 많은 도시 거주민을 먹여 살리려면 농촌에서 잉여 식량을 재배해야 한다. 약 7,000년 전 비옥한 초승달 지대에서 집단학습이 작동했다. 부드러운 금속으로 만들어진 더 튼튼한 도구가 나무, 돌, 뼈로 만든 도구들을 천천히 대체했다. 그리고 농부들은 수천 년에 걸쳐 수확량이 많은 작물을 선별적으로 재배했다. 관개를 통해 메마른 땅에 물을 댐으로써 기존에는 사용할 수 없던 식물의 영양분을 사용할 수 있게 만들었다. 그리고 동물을 이용해 밭을 갈아 작업 속도가 훨씬 빨라졌다. 6,000년 전에는 기후까지 적당했기 때문에 생산성이 비약적으로 높아졌다. 이런 잉여 식량 덕분에 마을과 도시가 점점 더 크게 성장할 수 있었다.

농촌이었던 수메르의 에리두Eridu 지역은 5,500년 전(기원전 3500년)에 인구 1만 명의 도시로 커졌다. 5,500~5,200년 전에 그 정도 규모의 도시가 갑자기 여러 군데에서 등장했다. 하지만 에리두 북서쪽 우루크Uruk처럼 큰 도시는 없었다. 땅 면적이 15배나 큰 우루크는 거주민이 8만 명에 이를 때도 있었다. 그전에는 볼 수 없던 규모의 영구 정착지였다.

집단학습이 성장하면서 수확하는 작물의 양도 많아졌다. 이것이 증가하는 사회적 복잡성을 뒷받침해주었다. 우루크는 노동 분업이 아주 확실하게 이루어져, 증가하는 농업 생산성 덕분에 풍부해진 잉여 작물로 농사에 종사하지 않는 사람들을 뒷받침할 수 있었다.

도시는 제사장이 이끄는 사제 계급이 통치했다. 그들 밑으로는 도시의 복잡한 실무를 관리하는 서기가 있었다. 수천 명에 이르는 장인과 노동 인력을 동원해 궁전과 사원이 만들어졌다. 병사들은 법과 질서를 유지하고 도시의 장벽을 지켰다. 도시에서는 리넨과 양모 산업이 싹트고, 부유한 상인, 그리고 몸종이나 노동자로 불리는 노예도 있었다. 도시 밖에서는 농부들이 인구의 약 90퍼센트를 이루었고, 사제들이 땅의 30~65퍼센트를 소유했다. 따라서 농부들 중에도 노예가 상당히 많았다.

대규모 정착지가 생기면서 거의 즉각적으로 노예 제도가 생겨났다. 지배계급을 뒷받침할 충분한 작물이 있고, 그들을 보호하는 병사들을 먹일 작물도 충분하다면 사람들에게 강제로 일을 시킬 수 있는 병력이 만들어진다. 돈을 갚지 않은 사람, 죄를 저질렀지만 사형에 처할 만큼 극악무도한 죄를 짓지는 않은 사람, 이교도, 다른 민족 등 노예 제도를 합리화할 적당한 구실도 많았다. 하지만 노예는 대부분 전쟁 포로였다. 불과 몇 세기 전까지 5,000년이 넘는 세월 동안 모든 농업 국가에서 노예 제도는 하나의 법칙이었고, 노예 제도를 폐지하는 것은 아주 드문 예외에 해당했다.

전쟁이 시작되었다. 수메르의 도시들은 사람들을 먹여 살리고 부유함을 유지하기 위해 농사지을 땅이 필요했다. 그리하여 인류 역사상 처음으로 수천 명 규모의 군대가 만들어지기 시작했다. 5,500~5,000년 전에는 우루크가 지배했으나, 그 후에는 다른 도시국가들과 경쟁이 심해지면서 끔찍한 폭력으로 이어졌다. 우루크는 4,550년 전(기원전 2550년)

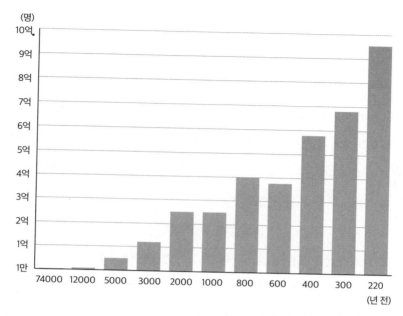

(명)

유전적 병목 현상에서 산업혁명까지의 인구 성장 |

에 라이벌 도시인 우르Ur에 의해 정복과 약탈을 당했다. 영장류의 지배 위계 속에서는 항상 폭력이 존재했다. 심지어 수렵채집 사회의 위계질 서에도 폭력이 존재했다. 그러나 이때는 이런 유혈 사태 규모가 달라져 수천 명씩 죽어나가고 노예가 되기도 했다. 그리고 이런 주기는 멈출 기 미가 보이지 않았다.

문자의 등장

우루크는 현존하는 가장 오래된 문자를 우리에게 전했다. 점토판에 막대로 쓴 이 문자는 5,500년 전(기원전 3500년)으로 거슬러 올라간다. 이 문자의 내용은 농산물과 가축에 대한 것이었다. 5,500~4,500년 전까지 수메르 문자는 상형문자(단어의 기호와 발음 사이에 관련성이 없음)에서 시작해 풍부한 음절 기호로 진화해 복잡한 노래, 시, 역사를 표현했고, 그와 함께 수 체계도 발전시켰다. 문자 패턴은 전 세계 곳곳에서 발생하고 진화하면서 다른 농업 국가에서도 비슷한 진화 과정을 거쳤다.

집단학습 측면에서 문자 기록의 장점은 자명하다. 모든 지식을 구전으로 전달하는 대신(이런 경우 그 지식을 공유하지 못한 세대가 나오면 지식이 사라져버린다) 문자 기록은 수 세기 동안 기록 보관소에 잠들어 있다가도 누군가 다시 발견할 수 있다. 그리고 구전으로 전할 때보다 훨씬 복잡하고 추상적인 정보도 소통할 수 있다. 구체적인 역사적 사실에서 더 나아가 수학적 계산도 기록하고 전달할 수 있다. 전체적으로 보면, 문자 기록은 수렵채집 시대와 달리 지식이 잊힐 가능성을 줄여주었다. 그 당시 집단학습을 제한하는 요소는 단 하나, 서기와 사제 말고는 글자를 아는 사람이 아주 드물었다는 점이다. 그래서 대부분 부모와 자식, 그리고 대부분 스승과 제자는 계속해서 말과 물리적 시연을 통해 정보를 전달했다.

제국의 흥망성쇠

아카드Akkad의 도시국가는 대략 4,300년 전(기원전 2300년) 수메르의 북쪽 어딘가에서 등장했다. 수메르 전체, 메소포타미아 전체를 정복한 통치자 사르곤Sargon은 레반트까지 밀고 나가 크레타섬에 발을 디뎠고, 북쪽으로는 아나톨리아, 동쪽으로는 엘람, 남쪽으로는 아라비아반도 끝까지 세력을 펼쳤다. 다양한 문화가 아카드 제국으로 병합되었으며, 일부 사례에서는 아카드 언어를 피지배인들에게 강요하기도 했다. 하지만 이 제국도 4,150년 전(기원전 2150년)까지만 지속되다가 붕괴하고 말았다.

이때까지만 이런 일이 일어난 것도 아니다.

이것은 추세적 주기로 알려진 현상으로, 제국의 흥망성쇠를 주도하는 원동력이다. 4,200년 전(기원전 2200년)경에는 가뭄, 토양의 과도한 사용으로 인한 땅심 저하, 근시안적 관개 기술로 인한 토양의 지나친 염분 축적 등으로 인구 수용 능력이 현저하게 저하되었던 것으로 보인다. 이것이 인구 위기를 촉발해 기근이 더 잦아졌고, 다양한 도시와 귀족층에서 봉기가 더 흔해졌다. 제국이 쇠퇴함에 따라 메소포타미아에 대한 아카드 제국의 통제력도 약해졌다. 결국 이 왕국은 구티족Gutians '야만인들'의 침략으로 파멸했다.

궁극적으로 보면 집단학습, 인구 수용 능력, 제국의 사회정치적 안정

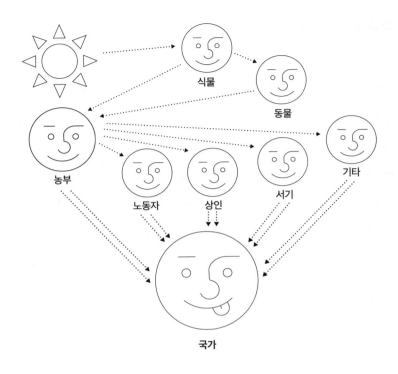

사이에는 상관관계가 존재한다. 여기서 핵심은 집단학습이 인구 수용 능력을 점진적으로 늘리고 있어 전 세계 인구가 5,500년 전(기원전 3500 년) 5,000만 명에서 200년 전(1800년) 9억 5,400만 명으로 늘어나기는 했지만, 인구 수준이 인구 수용 능력을 초과할 때가 번번했다는 것이 다.

농업을 하는 사람들은 아기를 너무 많이 낳았기 때문에 농업 혁신만 으로는 그 출산 속도를 따라갈 수 없었다. 그래서 몇 세기마다 성쇠 주기가 생겨났고, 이것이 미시역사적 사건에 심오한 영향을 미쳤다.

그 패턴은 다음과 같았다.

1. 팽창: 인구수가 아직 많지 않아 계속 팽창 중일 때는 땅도 남아돌고, 먹을 것도 풍부하고, 임금도 높아 일반인들도 먹고살 만하다. 통치 가문이 귀족들을 통치하기 수월해 왕국이 전반적으로 안정적이고 영토도 팽창할 수 있다.

2. 압박: 인구가 인구 수용 능력 한계치에 가까워지면서 일반인들이 치러야 할 기본적 물품 가격이 올라가고, 노동에 대한 대가도 적어진다(그나마 받을 수 있는 경우). 소작료가 올라가고, 소작농은 땅을 가지고 있는 것만으로는 생활을 감당할 수 없어 땅을 판다. 그리하여 토지와 부가 아주 부유한 사람들 수중으로 넘어가고 부자들의 수가 많아진다.

3. 위기: 기근이나 질병 혹은 다른 재앙으로 말미암아 인구수가 줄어들면 부자 대신 일해줄 소작농도 줄고, 납세자도 줄고, 부의 원천인 소작료와 농산물 판매를 통한 수입도 줄어든다.

4. 퇴보: 내전과 봉기를 통해 부자들이 서로 경쟁하기 시작하고, 정부와도 경쟁하다가 침입군에게 장악되거나, 엘리트 계층의 수가 줄어들면서 평화와 안정이 다시 자리 잡고 인구가 회복되거나, 제국이 완전히 붕괴하고 그 지역의 인구수가 줄어든다.

집단학습을 통해 인구 수용 능력이 점진적으로 늘어나기는 하지만, 이것이 인구 성장 속도를 따라잡지는 못한다. 그래서 왕국이나 제국은 몇 세기마다 흥망성쇠 주기를 맞는다. 이것이 바로 우리가 지금까지 관찰했던 큰 경향들이 소규모 역사적 사건에 영향을 미치는 방식이다.

이것이 인간과 다른 동물 종의 차이점이기도 하다. 보통 한 종이 생태계에서 수용 능력 한계에 부딪히면 개체수가 급감하고, 살아남은 소수의 생존자가 더 많은 먹이를 먹을 수 있어 개체수가 신속하게 회복된다. 하지만 인간의 경우에는 복잡성이 한 겹 더 덧씌워져 있다. 인구가 붕괴한 이후에도 대규모 폭력과 내전으로 인구 증가가 수십 년 동안 정체될 수 있기 때문이다.

메소포타미아, 이집트의 고왕국Old Kingdom, 중왕국Middle Kingdom, 신왕국New Kingdom, 중국의 하夏왕조, 상商왕조, 주周왕조 등 고대 세계 곳곳에서 이런 패턴을 관찰할 수 있다. 이 각각의 왕국은 붕괴하기에 앞서 인구 증가, 질병 창궐, 내전으로 인한 압박이 있었고, 결국 외부 침략으로 막을 내리거나 잠깐 동안 '암흑기'가 찾아와 역사가 정체하는 경우도 있었다.

기원전 3000년에서 기원후 1800년까지(농업 국가가 신속하게 산업화되지 않은 곳에서는 이보다 더 길게 이어진다) 벌어진 거의 모든 내전, 국가 붕괴, 그리고 번영과 제국의 확장은 이런 패턴과 어느 정도 관련이 있다.

단계	인구	실질임금	엘리트 계층의 수	폭력 수준
팽창	성장	높음. 평민의 생활수준도 높음	낮음/보통	낮음. 국가가 전반적으로 안정됨
압박	성장이 느려짐	축소. 평민의 생활수준도 점차 낮아짐	증가	높아짐. 엘리트 계층의 뒷받침 없이 대부분 민중의 반란으로 발생
위기	줄어듦	증가. 살아남은 평민들의 생활수준 저하	사회적 위계에서 상부 계층이 너무 많아짐. 하급 계층은 빈곤해지기 시작	크게 증가. 엘리트 계층의 파벌주의, 경쟁, 불만이 원인
퇴보	낮게 유지됨	증가. 폭력과 탄압으로 인해 생활수준 무너짐	사회-정치적 갈등이 이어지면서 점진적으로 낮아짐	높음. 엘리트 계층은 서로 경쟁하고, 남은 자원에 대한 정부의 통제력이 떨어짐
회복(또다시 찾아온 팽창)	성장	높음. 평민의 생활수준도 높음	낮음/보통	낮음. 국가가 전반적으로 안정됨

농업 국가의 복잡성

구조적 정교함(기본 구성 요소 및 한 시스템 안에 존재하는 네트워크와 연결의 수 및 다양성)이라는 측면에서 따져보면 농업 국가는 복잡성에서 거대한 도약에 해당한다. 수십 명 단위의 수렵채집인 집단, 수백 명 단위의 농업 공동체 대신 이제는 수만 명이 모여 사는 도시가 생겨났고, 그 안에는 농사가 아닌 다양한 직종에 종사하는 사람이 많아졌다(기본 구성 요소의 다양화). 수백만 명으로 이루어진 국가와 제국에서는 이런 사람들이 점점 더 복잡하게 연결되었다. 그리고 국가들 간에도 교역 통로가 점점 강해지고 많아졌다.

에너지 흐름 측면에서도 복잡성 증가를 목격할 수 있다. 초기 농업 사회에서처럼 대부분 에너지는 태양에서 얻었다. 식물이 광합성을 통해 이 에너지를 흡수하고, 이 식물이 다시 사람과 동물에게 먹힌다(사람은 동물을 잡아먹기도 하고 그 에너지를 노동에 동원하기도 한다). 농업에서 생산된 식량과 부가 농업 문명을 구성하는 나머지 장인, 서기, 상인, 요리사, 건축가, 왕 등 비농업인을 먹여 살리는 데 투입된다.

가장 높은 계층인 국가의 정부는 모든 농업 활동과 경제 활동에서 나오는 에너지의 상당 부분을 소작료, 공물, 세금 형태로 거둬들였다. 통화 자체도 에너지 흐름에 해당했다. 통화는 가치를 상징하고 재화나 서비스를 구입하는 데 사용될 수 있기 때문이다. 따라서 국가 운영이라는 복잡한 사업을 수행하기 위해 정부는 수렵채집 사회나 초기 농업 사회 혹은 우주의 다른 어떤 것에서도 본 적 없는 수준의 밀도 높은 에너지 흐름을 이용했다(평균 100,000erg/g/s).

농업 국가를 생명체에 비유할 수 있다. 생명체는 자신의 복잡성을 유지하고 증가시키기 위해 먹이(에너지)를 찾아다닌다. 마찬가지로 농업 국가도 땅과 부를 찾아다닌다. 생명체와 국가 모두 이런 자원을 차지하기 위해 경쟁한다. 어느 쪽이든 에너지 흐름이 고갈되면 죽음에 이른다. 이것은 동물의 화석, 그리고 고대 문명이 남긴 인간의 골격과 잔해들에서 나타나는 공통점이다. 이들은 대단한 존재였지만 그 이상은 아니다. 이들은 열역학 제2법칙의 마지막 단계를 상징할 뿐이다.

농업 국가의 진화

5,500년 전(기원전 3500년)에서 2,000년 전(기원후 1년경) 사이 전 세계 인구는 5,000만 명에서 2억 5,000만 명으로 늘어났다. 그중 90퍼센트 정도는 아프리카-유라시아 대륙에 살았고, 8퍼센트는 아메리카 대륙에, 2퍼센트는 오스트랄라시아 대륙과 태평양에 살았다. 5,500년 전 지구에 살던 사람 중 메소포타미아의 도시국가들과 이집트 왕국이 통제하는 사람은 0.2퍼센트에 불과했다.

동아시아, 서아프리카, 아메리카 대륙에 최초의 농업 국가가 만들어질 즈음에는(아메리카 대륙에서 마지막으로 도시국가가 생겨난 것은 3,000년 전이다) 그 비율이 6퍼센트로 늘어났다. 1000년경에는 농업 국가에 의해 통제되는 땅의 면적이 13퍼센트로 증가했다. 대다수 땅은 국가에 소속되지 않은 농부 및 수렵채집인들이 살거나, 사람이 살지 않는 곳으로 남아 있었다.

그 당시 세상을 아프리카-유라시아 대륙, 아메리카 대륙, 오스트랄라시아, 태평양으로 나눌 수 있다. 이런 분할은 집단학습을 바탕으로 이루어졌다. 소위 대탐사 시대가 찾아와 집단학습이 단일한 하나의 그물망으로 통합되기 전에는 세계 구역들 간에 집단학습이 서로 전해지지 못했다. 하지만 아메리카 대륙, 오스트랄라시아, 태평양 내부 국가와 사람들 사이에는 정보 교환이 이루어졌다. 이런 상황은 아프리카, 유럽, 아시아도 마찬가지였다(하지만 장거리 정보 교환은 몇 세대가 걸릴 수도 있었다). 그래서 아프리카-유라시아 대륙을 하나의 세계 구역으로 묶은 것이다.

아프리카-유라시아 구역은 인구가 제일 많아 집단학습에 크게 유리했다. 예를 들면, 기원전 480년에 세력을 확장하던 거대한 아케메네스 제국의 인구는 5,000만 명 정도로 추정된다. 이는 당시 전 세계 인구의 40퍼센트에 해당한다. 농업이 처음 시작된 곳도 아프리카-유라시아 구역이었고, 농업 국가도 이곳에서 처음 등장했기 때문에 자연스럽게 그 어디보다 동아시아, 인도, 지중해, 서아프리카에 가장 큰 인구 집단이 형성되었다. 이곳에서 우리는 다양한 중국 왕조의 제국, 페르시아 제국, 그리스 제국, 로마 제국, 인더스강 문명, 그리고 말리Mali에서 금이 많은 부자 국가들의 기원과 쇠퇴를 목격했다.

아프리카-유라시아 구역에 수백만 명씩 몰려 살다 보니 그 안에서 질병이 진화했다. 농업 국가들도 위생 면에서는 초기 농업 사회보다 나을 것이 없었다(이들은 정착 생활을 하며 가축과 가까이 붙어살았고, 오염된 식수를 마셨다). 여기에 인구가 많아지자 점점 더 치명적인 형태의 질병이 진화할 기회가 열렸다. 천연두, 가래톳 페스트bubonic plague,[14] 그리고 혼합된 형태의 질병들이 농업 시대에 아프리카-유라시아 구역을 여러 차례 휩쓸었다. 인간 전염병의 배양 접시 역할을 한 이 구역은 나중에 세계 구역들이 통합될 때 아메리카 대륙, 오스트랄라시아, 태평양에 암울한 영향을 미쳤다.

아메리카 대륙이 처음으로 농업을 받아들인 것은 5,000년 전(기원전 3000년)경이었고, 최초의 국가는 3,000년 전(기원전 1000년)경 메소아메리카에서 등장했다. 농업의 발전은 아프리카-유라시아 구역보다 살짝 뒤처져 있었다. 그래서 아메리카 구역에는 전 세계 인구의 8퍼센트만 살았다. 그럼에도 대서양이 '방역 저지선' 역할을 해준 덕분에 인간 실험이 독립적으로 진행될 수 있었고, 대략 비슷한 결과가 나왔다. 기원후 500년경 도시 테오티우아칸Teotihuacan의 인구는 거의 20만 명에 이르렀다. 이는 현대 이전 어느 기준으로 보아도 많은 수다. 올메크Olmecs, 마야Mayans, 아즈텍Aztecs, 그리고 더 남쪽으로 잉카Incas에 이르기까지 모든 농업 국가는 발전된 문명의 덫에 붙잡힐 운명을 갖고 있었다.

---

14 페스트균에 의해 야기되는 세 가지 페스트 중 하나로, 림프절페스트라고도 한다.

농업 국가 너머 세상

북유럽의 넓은 지역, 사하라 사막, 아라비아 사막, 그리고 중앙아시아 대평원의 상당 부분은 여러 세기 동안 국가가 존재하지 않는 상태로 있었다. 초기 농업 사회 아니면 유목 생활을 하는 수렵채집인들이 살았다. 이런 내륙 지역들은 농업 국가가 추세적 주기의 위기 단계나 퇴보 단계에 들어가 약해졌을 때 큰 위협으로 작용했다. 수많은 중국 왕조가 야만족 침략자에 의해 세워지거나, 게르만 침입자들이 유럽 로마 제국의 자리를 대신 차지한 것은 우연이 아니다.

사하라 사막에서 희망봉에 이르기까지 중앙아프리카와 남아프리카에는 훨씬 오랜 기간 농업과 국가가 이루어지지 않았다. 농업의 발전이 지체된 이유는 사하라 이남 아프리카 지역이 사람이 수렵채집으로 살아가기에 가장 좋은 환경 중 하나였고, 오히려 정착해서 농사를 짓기에는 가장 험한 환경 중 하나였기 때문이다. 그렇지만 기원전 1500년경 중앙아프리카에도 농업이 도입되어 콩고까지 깊숙이 파고들었다. 그래서 기원전 500년경에는 일부 문화권에서 농업을 받아들였다. 농업이 남아프리카에까지 도달한 것은 기원후 300년경이었다. 세계 구역들이 통합되기 직전인 1500년경에는 이 지역에서도 몇몇 농업 국가가 등장하기 시작했다.

북아메리카에서는 600년경에 초기 농업 사회가 등장했다. 그중 주목할 만한 곳은 미국 남서부에 있던 푸에블로족 사회였다. 농업 국가라고 불릴 만한 가장 인상적인 정착지는 차코 캐니언Chaco Canyon이었다. 850~1150년에 세워진 이곳에는 약 5,000명이 살았다. 그 너머 대평원, 캘리포니아, 동부 해안, 캐나다에서는 반정주 문화가 농업, 수렵채집 문화와 뒤섞였지만, 수렵채집 문화를 고집하는 지역도 일부 있었다. 그러나 유럽인들이 도착했을 때는 아마 이들 지역에도 농업 국가가 등장했을 것이다.

오스트랄라시아 구역에서는 사람들이 정착 생활의 덫과 농업에 따르는 비위생적인 환경에서 완전히 탈출했다. 건강 측면에서는 수렵채집 생활을 하는 쪽이 훨씬 나았을 것이다. 오스트레일리아 원주민들은 생산성이 대단히 높았기 때문이다. 이들은 불을 이용해서 숲을 태워 사냥감을 잡고, 식용 가능한 식물이 드러나게 했으며, 이동할 수 있는 통로를 만들었다. 불과 친화적인 유칼립투스 숲은 회복이 빨라, 오스트레일리아 대륙에서는 무려 50만~100만 명의 수렵채집인을 감당할 수 있었다.

태평양 구역에 사람이 들어가서 살게 된 지는 겨우 5,000년밖에 안 된다. 어떤 섬은 2,000년도 안 된다. 뉴질랜드는 항해에 필요한 북풍이 불지 않아 1280년경에야 사람이 정착했다. 이 구역은 몇백 명이 사는 섬에서 수천 명이 사는 큰 제도에 이르기까지 수많은 섬으로 이루어져 있었다. 하와이 제도 같은 곳에는 사람이 3만 명까지 살 수 있었고, 어느 정도 가축화와 관개가 이루어져 농업이라 할 만한 것도 존재했다.

실크로드

아프리카-유라시아 구역에는 농업 문명이 다수 존재해 집단학습을 공유할 잠재력이 있었다. 하지만 이 국가들은 먼 거리, 거대한 사막, 통과할 수 없는 숲으로 분리된 경우가 많았고, 여행자가 고된 여행을 나섰다가 붙잡히거나 죽임을 당하는 일도 빈번했다. 그래서 3,000년 동안은 집단학습의 전파 속도가 느렸다. 기원전 50년이 되어서야 아프리카-유라시아 구역 전체를 가로지르는 최초의 무역로가 등장했다. 이 실크로드 덕분에 중국에서 인도, 페르시아, 지중해, 그리고 사하라 무역로를 통해 서아프리카까지 재화와 정보가 느리게나마 전파되었다.

이름은 실크로드이지만 실크로드가 비단, 향료 혹은 기타 상품의 무역로로만 이용된 것이 아니라 종교, 발명, 수학적 개념도 함께 전달되었다. 예를 들어, 400년대에 발명된 힌두 수 체계는 이슬람 세력의 침략 동안 아랍인들에게 전달되었고(그래서 '아라비아숫자'라는 잘못된 이름이 생겼다), 중세에는 유럽까지 전파되어 투박한 로마 수 체계를 대체하기에 이르렀다.

중국은 인구도 많고 사치품과 향료도 다양했기 때문에 실크로드의 중심지였다. 중국 물건들은 유목민을 통해 조금씩 조금씩 중앙아시아 곳곳으로 느리게 이동했고 한 세대 넘게 걸리기도 했지만, 결국에는 중동 지역과 지중해 지역 시장에 넘쳐났다. 그리고 그 보답으로 서양은 동양에 포도, 제조품과 말을 전해주었다. 하지만 무역의 균형은 인구가 더 많은 아시아 쪽에 쏠려 있었다.

육상을 기반으로 하는 실크로드는 동부 지중해 항구에서 메소포타미아와 페르시아의 모래벌판, 수많은 산맥과 사막을 가로질러 인도와 중국까지 가는 험난한 여정이었다. 이 중앙아시아의 경로를 따라가려면 험한 길도 문제지만, 수많은 유목민과 제국의 폭력으로 인해 죽임과 약탈을 감수해야 했다. 실크로드 외에도 홍해에서 아크숨Aksum(아크숨은 적은 인구에도 불구하고 기원전 1000년경에 상업 초강대국으로 자리 잡아 큰 부를 축적했다)으로, 다시 인도의 수많은 항구 중 하나로, 그리고 계속해서 인도차이나와 남중국으로 이어지는 해상로가 있었다. 이슬람은 이 해상로를 통해 인도와 말레이반도, 인도네시아까지 진출했다.

아프리카-유라시아에는 기원전 1000년에 대략 3억 명의 인구가 있던 초대륙 수백 개의 서로 다른 농업 국가를 관통해 집단학습이 흘러갈 수 있는 통로가 있었다. 대다수 무역은 상인 한 명이 실크로드 한쪽 끝에서 반대쪽 끝까지 가서 거래하는 방식이 아니었기 때문에 재화와 정보가 아프리카-유라시아를 완전히 가로질러 전달되는 데는 몇 년, 심지어 몇 세대가 걸리기도 했다. 그럼에도 실크로드에서는 서서히 느리게 혁명이 시작되었다. 당시 사람들은 이 사실을 눈치채지 못했지만, 이 혁명은 머지 않아 인류의 역사에 거대한 변화를 불러왔다.

인쇄술의 진화

현대 이전 세계에서 문자화된 지식의 가장 큰 한계는 유통이었다. 현대 이전 시기에는 상당량의 집단학습이 여전히 구전으로 유통되었다. 따라서 속도도 느리고 결함도 많았다. 글을 읽고 쓰는 능력은 여전히 서기, 관료, 철학자, 엘리트 계층의 전유물이었다. 문자화된 작품은 귀하고 가격도 비쌌다. 그러다가 인쇄술의 등장으로 모든 것이 바뀌었다.

원래 중국의 인쇄술은 한나라 말기인 220년에 등장한 목판으로 시작되었다. 그러나 각각의 페이지를 목판에 조각해야 했기 때문에 속도가 느리고 비효율적이었다. 목판은 부피가 상당히 크고 저장하고 운송하기도 어려울 뿐 아니라, 새로운 책이나 새로운 판본이 나올 때마다 처음부터 다시 새겨야 했다. 그러다가 1045년에 필승 畢昇이 가동 활자를 발명했다. 이것은 단어들을 점토판에 새긴 뒤 필요할 때마다 새로운 순서로 단어를 배열해 종이에 찍어내는 방식이었다. 이 기술에 힘입어 중국의 수많은 철학서, 과학서, 농업서가 정기적으로 생산되었다. 어떤 책은 수천 권씩 유통되기도 했다.

1200년대 한국인들은 금속 가동 활자를 발명했다. 금속 가동 활자의 장점은 내구성이 좋고, 크기가 작고, 배열하기도 쉬워 책을 훨씬 빠른 속도로 생산할 수 있다는 것이었다. 한국인들은 인쇄기를 사용하지 않았다. 그들은 활자에 먹을 칠한 뒤 얇은 종이를 그 위에 덮고 나무 주걱으로 문질러서 찍어냈다. 그렇다 보니 고통스러울 정도로 느렸다. 하지만 목판과 금속 가동 활자를 나무 주걱으로 문질러 찍어내는 방법을 사용한 덕분에 중국과 한국에서는 인쇄술 초기부터 문자화된 지식을 빠른 속도로 생산할 수 있었다. 그래서 유통되는 책의 숫자도 많아지고, 글을 읽을 수 있는 사람들에게 전달되는 지식도 많아졌다. 하지만 동아시아에서는 19세기까지도 속도가 더 느린 목판 인쇄술이 주류로 자리 잡고 있었기 때문에 작품을 더 널리 유통함으로써 이끌어낼 수 있는 집단 지식에 한계가 있었다.

유럽에서는 1450년경 요하네스 구텐베르크Johannes Gutenberg가 동양에서 실크로드를 통해 수입된 금속 가동 활자와 포도 압착기를 결합한 인쇄기를 발명함으로써 새로운 페이지를 신속하게 조합해 비교적 빠른 속도로 인쇄하는 인쇄기를 개발해, 인쇄술의 혁명을 일으켰다. 1460년대에는 세 사람이 구텐베르크 스타일의 인쇄기로 작업하면 100일 동안 200권의 책을 만들 수 있었다. 같은 양의 책을 중세 서기 세 사람이 수작업으로 제작한다면 아마도 30년은 걸렸을 것이다.

6세기 동안 베네딕트 수도원은 50권 정도의 책을 소장하는 규칙을 만들었다. 15세기 중반에 서양에서 가장 큰 도서관은 바티칸의 도서관이었다. 여기에는 2,000권 정도의 책이 보관되어 있었다. 그러나 17세기나 18세기에 들어서자 중산층 학자도 그 정도 책을 손쉽게 구할 수 있었다.

1450년부터 1500년까지 50년간 생산된 책은 800만 권 정도로 추정된다. 이 정도 양이면 기원후 500년 이후 유럽에서 손으로 필사한 책을 모두 합한 것보다 많을 것이다. 1500~1600년에는 1억 4,000만~2억 권의 책이 인쇄되었다. 그 덕분에 유럽인들은 집단학습에 엄청나게 유리해졌고, 이를 통해 르네상스와 종교개혁이 널리 퍼지고 과학혁명이 촉발되었다.

이렇듯 정보가 훨씬 풍부해지고, 연결성도 높아지고, 문맹률도 점점 낮아지자 복잡성의 또 다른 폭발적 증가가 눈앞으로 다가왔다.

10장
세계의 통합

아프리카-유라시아 구역 사람들이 다른 구역으로 흘러들어간다. 중국이 거의 산업혁명을 시작하기에 이른다. 수많은 아프리카-유럽의 질병 중 하나가 수백만 명을 죽음으로 내몬다. 튀르키예인들이 무심코 다음 단계의 복잡성을 등장시킨다. 노예 제도가 이어진다. 복잡성에 따른 대가가 인류에게 명백하게 다가온다.

1200년경 전 세계 인구는 대략 4억 명에 달했다. 그렇다고 추세적 주기의 성쇠가 없었던 것은 아니다. 예를 들면, 기원후 1년에 전 세계 인구는 대략 2억 5,000만 명이었다. 하지만 로마 제국, 한나라, 그리고 수많은 다른 도시국가가 쇠퇴와 몰락을 겪은 후 600년경에는 전 세계 인구가 2억 명으로 줄어들었다. 그러다가 1200년경에 다시 회복해 예전 기록을 크게 앞질렀다.

육상과 해상의 실크로드는 아이디어와 혁신(그리고 끔찍하게도 질병까지)의 공유를 통해 아프리카–유라시아 구역을 왕성한 집단학습 네트워크로 통합했다. 아메리카 대륙, 오스트랄라시아, 태평양, 이렇게 나머지 세 곳의 세계 구역은 아직 이 네트워크에 들어오지 못해 집단학습 속도를 빠르게 끌어올리지 못했다. 세계 구역을 하나의 집단학습 네트워크로 통합하면 지구상 모든 인간의 혁신 역량을 활용해 인류를 현대화의 길로 이끌고, 그에 따라 복잡성도 현저히 증가할 것이다.

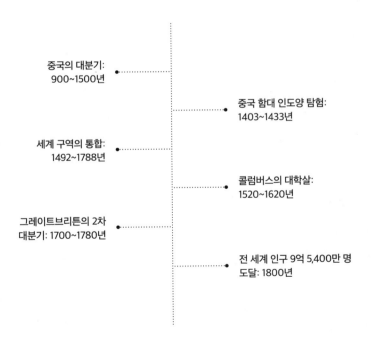

중국의 대분기:
900~1500년

중국 함대 인도양 탐험:
1403~1433년

세계 구역의 통합:
1492~1788년

콜럼버스의 대학살:
1520~1620년

그레이트브리튼의 2차
대분기: 1700~1780년

전 세계 인구 9억 5,400만 명
도달: 1800년

세계화의 중세 기원

농업 국가는 부(즉, 에너지 흐름)를 대부분 농업에서 얻었다. 지주는 생산된 작물의 일부를 받거나 소작료를 징수하고, 중앙정부는 세금이나 조공을 거둬들였다. 하지만 실크로드 덕분에 이런 상황에 변화가 왔다. 상인들이 더 많은 돈을 벌면서 영향력을 점점 키우기 시작했다. 이탈리아의 상업 국가인 베네치아, 제노바, 피렌체는 작은 규모에도 불구하고 유럽에서 가장 부유한 나라가 되었다. 실론과 남인도의 향신료 무역상과 타밀 왕들은 동일한 역동성을 달성했고, 활발한 국제 향신료 무역 덕분에 인도네시아의 스리위자야Srivijaya 왕국은 점점 더 많은 부와 권력을 움켜쥐었다. 이들은 모두 작은 국가였으나 상업만으로 막대한 부를 행사했고, 땅에서 거둬들이는 세금 수입에만 의존하는 소규모 국가들을 여러 면에서 능가했다.

11세기에는 십자군 원정이 시작되어 유럽이 중동과 더 가까이 접촉했다. 바이킹은 북아메리카에 일시적으로 진출했다. 1271년에는 마르코 폴로Marco Polo가 중앙아시아를 가로질러 중국까지 위험한 여행을 떠났고, 1300년에 이 여행기를 발표하자 유럽 사회는 동아시아의 막대한 부에 충격을 받았다. 유럽 상인들은 동아시아에서 무역하려는 의욕을 키웠다.

중국과 무역해야 할 동기는 충분했다. 실크로드에 대한 관심이 모두 똑같지는 않았다. 유럽과 아프리카는 비단, 향료, 도자기 등 직접 생산할 수 없는 것을 얻기 위해 아시아 시장에 접근하기를 간절히 바랐다. 동양으로 이어지는 유일한 무역로를 따라 살고 있던(아직은 아프리카 희망봉을 돌아가는 사람이 없었다) 중동의 무슬림 칼리프들은 여전히 중국 물품과 인도 향신료의 중간상인으로 활약하면서 짭짤한 재미를 보고 있었다. 중국은 가장 질 좋은 제품을 대량으로 생산하고 있었기 때문에 전체 무역 네트워크에서 지배적 위치를 차지하고 있었다. 현대의 세계화는 부유하고 기술이 발전한 서양에서 주도한 반면, 중세에 기원한 세계화는 부유하고 기술이 발전한 중국이 주도했다.

1차 대분기

서양이 19세기에 경제적으로, 기술적으로 나머지 세계를 앞질러가기 몇 세기 전 중국은 이미 그와 같은 일을 했다. 산업혁명을 일으킬 정도였다. 이것은 전적으로 새로운 혁신을 내놓을 수 있는 다수의 잠재적 혁신가가 있어 가능한 집단학습의 덕이었다. 인구 규모가 커질수록 세대마다 더 많은 주사위를 굴릴 수 있다.

500~1100년에 중국 남부에서 쌀의 논농사 기법이 전파되면서 인구 수용 능력이 폭발적으로 증가했다. 밀은 1만 제곱미터당 3명을 먹여 살

릴 수 있는 반면, 전통적인 쌀 품종은 6명 정도를 감당할 수 있었다. 이것은 송나라(960~1279년)에 들어 더욱 강화되었다. 송나라 정부는 베트남에서 고수확 쌀 품종을 도입해 지역 공동체를 통해 농업 관리인을 뽑아 새로운 농사 기술과 새로운 도구, 비료, 관개 방법들을 전파했다. 송나라는 또한 새로 개간한 땅에 대해서는 세금을 면제해주고 농부들에게 낮은 이자로 돈을 빌려주어 농부들이 새로운 농사 장비와 작물 품종에 투자하도록 유도했다. 중국 정부는 작물 수확량을 늘리기 위해 『농상집요農桑輯要』라는 책 3,000권을 지주들에게 보급했다. 이런 방식을 이용해 쌀농사를 하면 1년에 2~3모작이 가능했다.

900년대부터 1000년대까지 송나라 통치 기간에 중국의 인구 수용 능력은 5,000만~6,000만 명에서 1억 1,000만~1억 2,000만 명 정도로 증가했다(전 세계 인구의 거의 절반). 500만 명이 가로 65킬로미터, 세로 80킬로미터 농지에서 농사지어 먹고사는 기록적인 인구밀도를 보여주었다. 1100년경까지 중국은 전 세계 인구의 30~40퍼센트를 차지했고, 유럽은 10~12퍼센트를 차지했다.

중국의 집단학습은 비약적으로 발전했다. 예를 들어, 송나라 통치 기간에는 연간 화폐 주조량과 동전 통화 사용량이 엄청나게 증가했다. 이들은 지폐도 도입했다. 농사 기술도 향상되었다. 거름 사용이 빈번해졌고, 새로운 품종의 씨앗이 개발되고 수력 기술과 관개 기술도 개선되었으며, 농장도 전문적인 작물 재배로 전환했다. 석탄을 이용해 철을 제조했고(영국의 산업화 초기 동력이 되어준 것과 동일한 철 제작 과정), 당나라 당시 1년에 1만 9,000톤이던 철 생산량이 당나라(618~907년)에 와서는 11만 3,000톤으로 늘어났다. 송나라는 화약을 처음으로 발명하고 이용했다. 옷감 생산은 기계화가 이루어졌음을 보여주는 첫 신호였다.

　산업혁명이 중국에서 일어났다면 현대사가 어떻게 바뀌었을지 추측해보는 것만으로도 매우 흥미롭다. 분명 세계의 사회정치적 역사가 완전히 달라졌을 것이다. 중국의 선박들이 아마도 식민지 개척을 목적으로 아메리카 대륙과 오스트레일리아 대륙 해안을 들락거렸을 것이다(그리고 무심코 치명적인 아프리카-유라시아 질병들을 전했을 것이다). 또한 제국

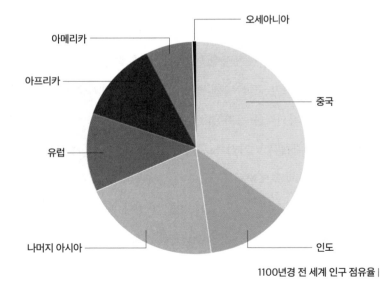

1100년경 전 세계 인구 점유율 |

주의 시대에는 유럽에 이익을 안겨주기는커녕 유럽의 희생을 바탕으로 일어났을 것이다.

흑사병과 추세적 주기

집단학습, 농업의 혁신, 새로운 농지 개간 덕분에 1100년에 3억 명이던 전 세계 인구가 1200년에는 4억 명으로 껑충 뛰어올랐다. 일반 서민들도 소작료가 낮고 임금이 적당해 꽤 살 만했고, 끼니도 별로 거르지 않고 꽤 규칙적으로 먹었으며, 현대 이전 기준으로 보면 건강도 괜찮은 편이었다. 농업 문명기에는 그 이전 및 이후 시기와 비교하면 꽤 안정적이었다(적어도 내부적으로는).

하지만 인구 증가가 농업 혁신을 앞지르기 시작했다. 1200~1300년에는 인구가 겨우 4억 3,200만 명으로 늘어나 인구 압박이 시작되었다. 소작농들의 생활수준이 떨어지고, 식사량이 줄어들고, 임금도 축소되고, 소작료는 올라가고, 소규모 자작농도 땅을 팔아야 했다. 그러나 엘리트 계층은 그 수가 몇 배로 늘어나면서 광대한 토지를 차지했다.

1315~1317년에 대기근으로 유럽 전체 인구의 15퍼센트 정도가 사망한 것으로 추정된다. 1333~1337년에는 중국에서도 기근이 발생해 그와 비슷한 수의 사람이 사망했다. 일반 서민의 수가 줄어들고, 서민

에 의존하던 엘리트 계층의 수입도 줄어들어, 일부 엘리트 계층은 가난의 수렁으로 떨어졌다. 엘리트 계층의 반란, 암살, 친위 쿠데타 등이 증가하면서 전 세계적으로 정치가 불안정해졌다.

하지만 실크로드 덕분에 훨씬 지독한 페스트(흑사병Black Death)가 다가오고 있었다. 페스트는 페스트균이 일으키는 대단히 치명적인 병이다. 이 균은 벼룩을 통해 전파되는데, 벼룩은 쥐를 통해 전파되었다. 일단 이 균에 감염된 벼룩에게 물린 사람은 사타구니 주변으로 림프절이 부어올라 건들기만 해도 아팠다. 세균이 사람의 핏속에까지 침입하면 발열, 쇠약, 섬망, 두통, 혈액 구토 등의 증상과 함께 살과 내부 장기가 죽어 검은색으로 괴저되었다.

감염자는 보통 일주일에서 열흘 만에 사망했다. 가래톳 페스트는 피해자의 80퍼센트 정도가 사망했고, 폐렴형 페스트로 전환되면 사망률이 90~95퍼센트에 이르렀다. 폐렴형 페스트에 걸리면 불과 두세 시간 만에 사망하는 경우가 흔했다.

실크로드는 페스트를 동쪽과 서쪽으로 널리 전파했다. 중국에서는 페스트가 1340년대에 산발적으로 발생하다가 1353~1354년에 전국을 휩쓸었다. 그로 인한 인구 감소, 엘리트 계층의 내분으로 국가가 붕괴해 원나라가 멸망하고 1368년에 명나라가 들어섰다. 페스트와 침체 단계를 거치며 1200년에 1억 2,000만~1억 4,000만 명이던 중국 인구가 1393년에는 6,500만 명으로 줄어들었다.

페스트는 페르시아에서 중앙아시아까지 퍼져 1335년경에는 몽골 제국이 해체된 이후 그 지역을 지배하던 일칸 왕국 통치자를 비롯해 전체 인구의 30~50퍼센트를 사망에 이르게 했다. 결국 일칸 왕국은 붕괴해 경쟁 관계의 몇몇 왕국으로 나뉘었다. 1338~1344년에는 페스트가 황금 군단Golden Horde[15]의 무역 경로를 가로질러 북쪽으로 퍼져가며 전체 인구의 30~70퍼센트를 죽음으로 내몰았다.

1344년에 이미 페스트에 감염되어 있던 황금 군단의 군대는 제노베스Genovese가 장악하고 있던 크림반도의 무역항 카파를 포위했다. 그리고 페스트 환자의 시체를 투석기에 올려 도시의 장벽 너머로 던졌다. 인류 역사에서 처음으로 기록에 남은 생물전 중 하나다.

페스트는 제노베스 무역선을 타고 지중해를 감염시키기 시작했다. 이 병은 1347년에 콘스탄티노플에 도착해 육상으로 아나톨리아를 가로질러 1348년에는 다마스쿠스에 도달했다. 이곳에서는 하루에 2,000명씩 사망한 것으로 추정되었다. 또한 같은 해 이집트에도 도달해 카이로의 전체 인구 중 50퍼센트를 죽음에 이르게 한 것으로 추정되었다. 메카로 순례를 떠나는 이슬람교의 전통 때문에 1349년에는 페스트가 그들의 가장 성스러운 도시에까지 퍼져나갔다.

1347년에도 제노베스의 무역상인들은 그리스, 시칠리아, 사르데냐,

---

15 13세기경 유럽 원정에 나섰던 몽골의 군단.

코르시카, 마르세유에까지 왕래했다. 1348년에는 무역상인들이 영국, 아일랜드, 북부 프랑스까지 진출했다. 1349년에는 페스트가 스페인 남부를 휩쓸고 모로코로 번졌다. 감염된 선박이 노르웨이의 베르겐에 도착했다. 1350년에는 영국에서 스코틀랜드로, 노르웨이에서 스웨덴으로, 프랑스에서 신성 로마 제국까지 퍼졌다. 폴란드와 러시아는 1351~1353년에 타격을 받았다. 소규모로 모여 춥게 사는 핀란드 사람들만 페스트의 손아귀를 피해갔다.

1300년에 4억 3,200만 명이던 전 세계 인구는 기근, 페스트, 인구 감소에 흔히 뒤따르는 수십 년에 걸친 폭력과 불안정으로 1400년경에는 3억 5,000만 명으로 줄어들었다.

그런데 인구 붕괴에 따른 흥미로운 부작용도 있었다. 일반 서민들의 삶이 다시 꽤 넉넉해진 것이다. 일손이 부족하자 임금이 올라갔고, 죽은 사람들 뒤로 땅이 넉넉하게 남다 보니 소작료가 낮아지고 소작 생활을 유지하기가 쉬워졌다. 또한 식량에 대한 수요가 줄어들어 식량 가격도 저렴해졌다. 소작농들은 가처분소득 비슷한 것도 있어 소박한 사치품을 구입할 여력까지 생겼다. 아프리카-유라시아 구역의 일반 서민들은 생활수준이 향상되었고, 산업혁명 이전 그 어느 시기보다 실질임금이 높았다.

페스트를 치료하는 의사 |

중국의 대탐험 시대

페스트 이후 오스만 튀르크 제국은 실크로드를 통한 육상무역을 상당
부분 폐쇄했다. 이렇게 교역망이 붕괴하자 아프리카-유라시아 초대륙
양단의 탐험가들은 새로운 해상 경로를 찾아 나섰다.

1403년에 명나라는 거대한 전함과 상선으로 함대를 구축하기 시작했다. 당시 전 세계 어느 나라의 함대도 초라해 보일 만큼 거대한 함대였다. 중국의 탐험 함대는 317척의 선박으로 구성되었다. 그중 일부는 높이가 대략 120미터에 이르고, 갑판이 서너 층 정도 되며, 2만 8,000명의 병사를 싣고 다녔다. 무역 협상에 무게를 더하기 위함이었다.

1405년부터 수많은 탐사가 시작되었다. 중국 함대는 남동아시아 주변을 항해하고 몇 차례 인도까지 진출하기도 했다. 이들은 아래쪽으로 더 내려가 인도네시아와도 무역을 했으며, 몇 차례 육지에 상륙해 아라비아와 동아프리카까지 진출했다. 총 7차례에 걸쳐 탐사가 이루어졌다.

1433년에 마지막 항해를 마치고 함대는 고국으로 돌아갔다. 이때 이미 많은 천연자원과 사치품을 확보하고 있던 막강한 제국 중국은 고립주의로 돌아섰다. 만약 이 항해가 계속 이어졌다면 중국이 어쩌면 아프리카 남단을 돌아 유럽과의 직접적 무역로를 확보했을지도 모른다. 그리고 인도네시아에서 더 남하해 오스트레일리아까지 갔을 수도 있다. 심지어 태평양을 건너 아메리카 대륙까지 진출했을지도 모른다.

유럽의 대탐험 시대

15세기에 유럽 국가들은 농부에게서 거둬들이는 세금만으로는 페스트

이전 수준에 미치지 못하자, 상인과 상업주의 쪽으로 눈을 돌리기 시작했다. 하지만 오스만 튀르크 제국이 유럽을 정복하기 위해 실크로드를 통한 교역을 대부분 차단하는 바람에 유럽인들은 서쪽으로 물러났다.

1420년대에 포르투갈과 스페인은 카나리아 제도, 마데이라섬, 아조레스 제도에 상륙했고, 끝없어 보이는 아프리카 대륙을 따라 아주 먼 곳까지 해도를 작성했다. 1440~1450년대에 포르투갈은 말리 왕국과 상당한 규모로 교역을 시작했다. 포르투갈은 후추, 상아, 금, 그리고 아프리카 노예무역에 접근할 권한을 얻었다. 1488년에 바르톨로메우 디아스Bartolomeu Diaz는 남아프리카공화국의 희망봉에 도착했다. 그리고 1498년에 바스쿠 다가마Vasco da Gama는 아프리카를 돌아 인도까지 가서 향료를 싣고 왔다. 적대적인 오스만 제국을 우회한 다가마는 동부 지중해 쪽 가격의 5퍼센트밖에 안 되는 싼값에 물건을 구입할 수 있었다.

아프리카를 돌아 항해할 때의 문제점은 적도 근처에서 열대 무풍지대와 만난다는 점이었다. 열대 무풍지대는 바람이 너무 약해 돛에 힘을 싣지 못하는 경우가 많은 긴 바다 구간을 말하는데, 이곳에서 위험한 폭풍을 만나는 경우도 많았다.

그러자 그 대안이 모색되고 있었다. 1492년에 아라곤 왕국의 페르난도 공과 카스티야 왕국의 이사벨 여왕은 제노바의 탐험가 크리스토퍼 콜럼버스Christopher Columbus에게 탐험을 의뢰했다(당시 이들은 이미 500년 가까이 앞서 바이킹이 이 여정에 성공했음을 거의 모르고 있었다). 콜럼버스는

8월에 카스티야를 출발해 서쪽으로 항해해서 10월에 바하마에 도착했다. 그는 이어서 쿠바와 히스파니올라섬도 찾아가 원주민들을 대상으로 강제 노예노동, 성노예 제도를 수립하고 복종하지 않는 자들을 불구로 만들었다. 그러는 동안 이 섬의 인구는 유럽에서 들어온 질병으로 점차 전멸당했다. 콜럼버스는 죽는 날까지도 자기가 아시아에 상륙했다고 믿었다.

1519년에 스페인 군주는 포르투갈의 탐험가 페르디난드 마젤란Ferdinand Magellan에게 배 다섯 척을 가지고 아메리카 대륙 남단으로 항해한 후 태평양으로 들어갈 것을 의뢰했다. 마젤란은 이 광대한 바다를 가로질러 필리핀에 도착했다. 그리고 그곳에서 1521년에 죽었다. 그중 배 한 척만 후안 세바스티안 엘카노Juan Sebastián Elcano의 지휘 아래 1522년에 간신히 스페인으로 돌아와 배로 세계 일주를 한 최초의 뱃사람이 되었다.

16세기에는 유럽과 식민지 상인들이 아시아와 아메리카 대륙으로 모험을 나서기 시작했다. 그러면서 국가와 개인 투자자, 개인 등이 막대한 부를 추구했다. 합스부르크 스페인 왕가가 이 무역 네트워크를 지배하고 남아메리카와 중앙아메리카에서 광물이 제일 풍부한 일부 지역을 식민지로 만들었다. 영국, 프랑스, 네덜란드도 식민지 개척에 합류했다. 심지어 스코틀랜드도 식민지를 건설하려고 몇 차례 시도했다. 중부 유럽과 동부 유럽 국가들은 지역 내 전쟁과 지리적 위치 때문에 대탐험 시대에 열린 좋은 기회를 대부분 놓치고 말았다.

1519~1521년에 에르난 코르테스Hernán Cortés는 화약 무기, 그리고 아즈텍 사람들을 쓰러뜨릴 온갖 질병으로 무장한 몇백 명의 스페인 콩키스타도르conquistador[16]를 거느리고 정복에 나섰다. 아즈텍 사람들이 유럽에서 건너온 질병에 속절없이 쓰러지고, 코르테스가 아즈텍과 경쟁 관계에 있던 주변의 다양한 적들과 연합해서 공격하는 바람에 멕시코 전체가 몇 년 만에 스페인의 수중에 들어갔다.

1532년에는 프란시스코 피사로Francisco Pizarro가 잉카 제국을 상대로 비슷한 탐험을 이끌었다. 이때도 화약 무기와 끔찍한 유럽의 질병으로부터 도움을 받았다. 하지만 잉카 제국이 이동하기 어려운 광대한 지역에 걸쳐 있었기 때문에, 스페인은 길고 고단한 섬멸 전쟁 끝에 1572년에 가서야 잉카 제국을 완전히 정복했다.

노예무역

유럽인들은 카리브해 지역과 남아메리카에서 사탕수수 대농장을 가꾸기에 이상적인 기후를 만났다. 하지만 그런 고된 일에 동원할 충분한 노

---

16 스페인어로 '정복자'를 의미하며, 16세기에 중남미를 정복한 스페인 사람을 일컫는다.

동력 확보가 문제였다. 하급 계층의 유럽인은 답이 될 수 없었다. 배를 타고 아메리카 대륙으로 건너간 계약 노동자에게만 그런 일을 강제할 수 있었다. 그리고 그 노동자들은 계약이 끝나면 돌아와버렸기 때문에 기꺼이 그런 일을 하겠다고 나서는 사람의 수가 많지 않았다.

스페인과 포르투갈은 처음에는 아메리카 대륙의 원주민들에게 그 일을 강제로 시키려고 했다. 하지만 지형을 잘 알고 있던 원주민들은 자기가 살던 곳으로 도망가는 경우가 많았고, 그대로 남아서 일한 사람들은 아프리카-유라시아에서 건너온 질병으로 죽는 일이 많았다. 결국 포르투갈 사람들은 반세기 전에 들어간 아프리카 통치자들과의 노예무역을 활용했다.

노예 제도는 5,500년 전 농업 국가가 잉태한 순간부터 존재했다. 유럽, 아프리카, 아시아에도 노예가 있었고, 아즈텍과 잉카에도 노예가 있었다. 중국, 한국, 인도도 마찬가지다. 농업 시대에 살았던 550억 명의 사람 중 30억~100억 명 정도는 노예였을지도 모른다.

유럽인들에게도 노예 제도는 낯선 것이 아니었다. 로마는 지중해 곳곳에 거대한 대농장을 소유하고 수백만 명의 노예를 동원해 그곳을 운영했다. 중세 시대에는 노예와 농노의 구분이 모호했다. 농노가 노예보다 나을 것이 없었기 때문이다(그래도 농노가 노예보다는 나아진 것이지만). 사실 농노는 기존에 있던 노예 제도가 중세 초기에 변질된 것이었다. 농노를 의미하는 영단어 'serfdom'에서 'serf'도 노예를 의미하는 'servus'

에서 유래한 것이다. 동쪽의 러시아는 1861년까지 농노 제도를 폐기하지 않았다.

15세기경 서아프리카 왕국들은 사하라 사막 너머로 사람들을 강제로 보내면서 이슬람 노예무역에 몇 세기째 참여하고 있었다. 11세기 이후에는 이슬람교도들에게 잡혀와 노예가 된 유럽인의 수가 서서히 줄어들었기 때문에 아프리카 노예가 늘어났다. 아프리카인들은 주로 전쟁을 통해 정복한 사람들로부터 노예를 충당했다(하지만 빚을 못 갚거나 노예 집안에 태어나 노예가 되는 경우도 있었다). 아프리카인들은 이 노예를 직접 부리거나 실크로드를 통해 팔았다. 포르투갈이 1440년대 아프리카 통치자들과 교역 관계를 시작하면서부터 노예무역은 그들에게로 확장되었다.

대서양을 건너간 아프리카 사람 중 10~20퍼센트는 혹독한 이동 과정에서 사망했다. 팔려가거나 붙잡힌 사람의 25~50퍼센트는 도보로 사하라 사막을 가로질러 동쪽으로 간 사람들이었다. 모두 더하면 불과 400년 만에 1,100만~1,400만 명의 아프리카인이 대서양을 가로질러 서쪽으로 이동했고, 1,100년 동안 1,000만~1,700만 명의 아프리카인이 사하라 사막을 넘어 동쪽으로 이동했다. 그 인구 집단 중 평균 5~15퍼센트가 아프리카 농업 국가의 노예였다.

노예 제도가 농업 국가에서는 하나의 법칙이었다. 노예 제도가 없는 것이 오히려 예외적인 경우였다. 사슬에 묶여 살았던 사람들 입장에서는 아주 끔찍한 5,000년이었다.

대서양 노예무역이 이루어지는 동안 잡혀간 노예 중 45퍼센트는 포르투갈의 몫이었다. 대서양 노예무역 중 35퍼센트의 최종 도착지는 포르투갈의 예전 식민지였던 브라질이었고, 1888년에 마지막으로 노예 제도를 폐지한 국가 중 하나도 브라질이었다. 스페인은 아프리카 노예무역의 약 15퍼센트를 차지했고, 대부분 노예를 남아메리카 대륙과 카리브해 섬의 소작지로 보냈다. 이들은 또한 아메리카 원주민 노예도 확실하게 사용했다. 특히 광산에 많이 투입했다. 프랑스는 아프리카 노예 중 10퍼센트를 카리브해의 소작지로 보냈고, 대부분 대농장에서 일을 시켰다. 네덜란드는 전체 노예 중 5퍼센트를 식민지로 보냈다.

사탕수수 재배에 주로 투입되었던 대농장 강제 노동이 17~18세기에는 수익성이 높은 또 다른 작물인 담배와 옷감용 목화 생산으로 확대되었다. 이 때문에 13개 식민지 중 남쪽 절반의 농장에서는 노예노동이 바람직한 상황이 되었다. 그래서 영국은 아프리카 노예 중 15퍼센트를 카리브해의 농장으로 보냈고, 10퍼센트를 현재 미국 지역으로 보내 속박의 삶을 살게 했다. 이것을 합치면 노예무역의 25퍼센트에 해당한다.

1500년대에는 약 40만~50만 명으로 추정되는 아프리카인이 유럽인들에 의해 노예가 되었고(아프리카 총인구의 1퍼센트), 1600년대에는 이 수치가 100만~150만 명으로 늘었다(2.5퍼센트). 1700년대에는 500만~800만 명(10퍼센트)이 사슬에 묶인 채 환경이 열악한 배에 실려 아메리카로 건너갔다.

1700년대에 노예무역 규모가 끔찍하게 커지면서 마침내 영국에서 노예제 폐지 운동에 불이 붙었다. 30년간 진행된 대중과 의회의 노예제 폐지 운동 끝에 1807년 영국에서 노예 매매와 수송이 불법화되고 노예무역이 금지되었다. 그리고 영국 해군은 다른 국가들에 의한 아프리카 노예 수송을 멈추는 일에 적극적으로 참여했다. 그럼에도 불구하고 나머지 대서양 국가들은 추가적으로 300만~400만 명의 노예(아프리카 인구의 4~5퍼센트)를 아프리카에서 데려오는 데 성공했다. 대영 제국이 노예제 자체를 폐지한 것은 1833년이었다. 그리고 나머지 대서양 국가들도 그

아프리카 노예무역 |

후 수십 년에 걸쳐 잔혹한 내전을 통해서든, 소름 끼치는 혁명을 통해서든, 평화적 입법을 통해서든 천천히 영국의 뒤를 따랐다.

그러나 아프리카 지역에서는 노예 제도가 계속 이어졌다. 특히 북아프리카 지역에서는 노예 제도를 종교적, 인종적으로 합리화했다. 19세기 후반에는 유럽 제국주의가 개입해 아프리카 지역에서 노예 제도를 금지하려 했지만 속도가 느렸고, 효과가 없을 때도 많았다. 혹은 식민국에 따라 건성으로 따르거나, 오히려 노예제를 연장시키는 경우도 있었다.

심지어 식민지 시대가 끝난 오늘날에도 아프리카에서는 노예 제도가 여전히 문제가 되고 있다. 노예의 수가 현대 나이지리아는 70만 명, 에티오피아는 65만 명, 콩고는 50만 명이나 된다. 모두 합치면 아프리카에서 사실상 노예로 살아가는 사람이 대략 500만~1,000만 명에 이른다. 아프리카 외에 인도에도 사실상 노예가 1,200만~1,400만 명 있고, 파키스탄에는 200만 명, 중국에는 300만 명이 있다. 현재 전 세계적으로 약 4,700만 명의 노예가 존재한다. 이는 대략 스페인 인구와 맞먹는다.

생태제국주의

유럽인들은 아메리카와 오스트랄라시아에 온갖 가축을 들여왔다. 이런 가축은 정착민 식민지에 필수적 요소였다. 양과 소는 막대한 규모로 사육되어 얼마 지나지 않아 양쪽 세계 구역 모두에서 가장 흔한 포유류로 자리 잡았다. 1600년경에는 아메리카 대륙에 2,000만 마리의 양과 소가 살았다.

인류가 아메리카 대륙에 도착한 것은 1만 2,000년 전이다. 이들은 아메리카 대륙의 말 원종American horse species을 사냥해서 멸종시켰다. 그러다가 유럽인들이 아메리카 대륙에 도착하면서 말이 새로 도입되었다. 말의 일부는 아메리카 원주민 사회에 유입되어 대평원에 사는 토착 아메리카 원주민들의 생활 방식에 급진적인 변화가 일어났다. 많은 문화권이 대평원에서 수천 년 동안 이어온 농업 문화를 버리고 다시 유목 생활을 하는 수렵채집인이 되었다. 말이 도입되기 전 아메리카 원주민들은 버펄로를 사냥할 때 생가죽으로 위장하고 땅바닥을 기어서 버펄로 무리에 접근했다. 그렇게 해서 가까워지면 버펄로 무리가 우르르 달아나기 전에 창으로 찔렀다. 하지만 말이 도입되면서 빠른 속도로 버펄로를 따라잡아 직접 다가가서 창으로 찌르거나 무리를 절벽으로 내몰 수 있었다. 그리하여 19세기까지 300년 동안 말은 대평원 원주민들의 문화에서 중심 기둥으로 자리 잡았다. 그 기간이 길다 보니 아메리카 토착 원주민들의 일부 이야기에서 말이 항상 아메리카 대륙과 자기네 삶의 방식에 자리 잡고 있었던 것처럼 묘사되기도 했다.

신세계에서 생산된 작물이 다시 아프리카-유라시아에 영향을 미쳤다. 제곱킬로미터당 칼로리 생산으로 따지면 옥수수는 밀보다 훨씬 뛰어나고 쌀에만 뒤진다. 감자도 마찬가지다. 감자는 칼로리 측면에서도 훌륭할 뿐 아니라 자라면서 토양의 양분을 풍부하게 만들어준다. 옥수수와 감자는 밀이나 쌀보다 요리하기가 쉽다는 장점도 있다. 아메리카 대륙은 세상에 토마토, 참마, 호박 같은 작물들도 선물해주었다. 모두 제곱킬로미터당 생산량이 마찬가지로 대단히 높은 작물이다. 아메리카 대륙의 작물이 도입된 유럽 지역의 인구 수용 능력이 20~30퍼센트 늘어났다. 중국에서는 1630년대 인구 집단이 대기근을 겪기 시작했지만 아메리카 작물 도입으로 19세기까지 또 다른 대기근의 발생을 막을 수 있었다. 그리고 그 기간 중국의 인구는 1억 5,000명에서 3억 3,000만 명으로 늘어났다.

질병이 아메리카 대륙과 오스트랄라시아의 거주지를 완전히 박살 냈다. 이 시점에서 아프리카-유라시아 대륙은 전 세계 인구의 90퍼센트 정도를 수용하고 있었는데, 대부분 인구밀도가 대단히 높은 농업 국가에 살고 있었다. 이런 농업 국가들은 기본적인 위생 관념이나 병의 원인이 되는 세균에 대한 의식이 전무했다. 그래서 아프리카-유라시아 대륙의 거주자들은 수백 세대를 거치며 이런 질병들에 대한 유전적 저항성을 키워놓은 상황이었다. 하지만 아메리카 대륙과 오스트레일리아의 인구 집단은 그런 생물학적 저항성이 없었다. 식민지를 개척하러 온 유럽인들은 천연두, 장티푸스, 콜레라, 홍역, 결핵, 백일해, 그리고 다양한 독감도 함께 들여왔다. 이런 질병은 유럽인들에게도 여전히 치명적이지만, 아예 저항성이 없는 토착인들에게는 훨씬 더 가혹했다.

아메리카 대륙에서 1500~1620년에 전체 인구의 90퍼센트가 아프리카-유라시아 질병에 쓰러진 것으로 추정된다. 전 세계 인구 5억~5억 8,000만 명 가운데 5,000만 명 정도가 사망한 것이다. 단지 유럽인들이 등장한 것으로 말이다. 그리고 이런 일이 불과 한 세기 만에 일어났다. 1620년에는 북아메리카와 남아메리카 대륙에 남은 토착 아메리카 원주민의 수가 500만 명에 불과했다. 이것은 전례 없는 인류 문명 소멸 사례로, 인류 역사에서 비견할 만한 사건을 찾아볼 수가 없다. 아프리카-유라시아 질병은 19세기를 거쳐 20세기에 이르기까지 계속되어 토착 아메리카 원주민들에게 막대한 피해를 입혔다.

오스트레일리아에서는 1788~1900년에 아프리카-유라시아 질병이 원주민의 수를 적어도 73.75퍼센트 감소시켰다. 오늘날 대부분 학자는 접촉 이전 오스트레일리아의 인구가 80만 명 정도였다는 데 의견을 모으고 있다. 그런데 1850년에는 인구가 이미 20만 명으로 줄어들어 있었다. 그리고 1900년에는 오스트레일리아 원주민 인구가 9만 명이었다. 로빈 부틀린Robin Butlin의 계산법을 이용하면 유럽의 농경지 확장으로 최고 10만 명의 오스트레일리아 원주민이 굶어 죽었으며, 샐리 레이놀즈Sally Reynolds가 기록으로 남은 유럽인 사망자 수를 바탕으로 변경 지대 폭력으로 사망한 기록되지 않은 오스트레일리아 원주민의 수를 추정한 값을 이용하면 한 세기가 조금 넘는 기간 동안 전체 인구의 73.75퍼센트는 질병으로 죽고, 12.5퍼센트는 굶어서 죽고, 2.5퍼센트는 변경 지대 폭력으로 죽었다.

한 세기 만에 지구에 사는 80억 명이 죽기 시작해 결국 8억 명만 남았다고 상상해보라. 그리고 자기 나라 인구로 바꿔 총인구의 10퍼센트만 남았다고 생각하면 더 실감 날 것이다. 이것이 세계 구역들이 통일되면서 맞은 대가다. 아메리카 대륙의 작물이 유럽과 아시아의 인구 수용 능력을 끌어올려 그 인구가 하늘을 찌를 듯 늘어났지만, 아메리카 대륙과 오스트랄라시아의 인구는 악몽 같은 속도로 감소했다. 나는 그런 생물학적 테러가 초래한 파괴와 고통이 얼마나 컸을지 가늠조차 하기 어렵다.

인류세 임박

지금까지 이어져온 복잡성의 여정을 다시 한번 생각해보자. 빅뱅과 폭발하는 항성에서 뿜어져 나온 불기둥, 지옥 같은 지구의 형성 과정, 피로 물든 종의 진화, 영장류의 살인 성향, 농업 시대의 궁핍과 질병, 그리고 지금 여기. '복잡성'은 '진보'와 동의어가 아니다. 오늘날 우리가 누리고 있는 안락함과 편리함은 대부분 사람이 상상조차 할 수 없는 엄청난 대가를 바탕으로 한 것이다.

복잡성은 열역학 제2법칙에 사방팔방에서 괴롭힘당하고 있는 우주 안에 존재한다. 복잡성의 문턱에 걸릴 때마다 파괴가 따라왔고, 의식이 있는 곳에는 고통이 따라왔다. 우리가 지금 자리 잡고 있는 역사적 시점에서 예정되었던 것은 하나도 없다. 에어컨과 스마트폰에 이르기까지, 지나온 역사는 당연한 과정이 아니었다. 그것은 몸부림, 그것도 맹목적인 몸부림이었다. 그 몸부림은 오늘까지 이어지고 있다. 다만 앞날을 내다보는 눈이 조금 더 생겼을 뿐이다.

이 역사에서 정말 흥미로운 부분은 복잡성이 증가할 때마다 열역학 제2법칙, 그리고 138억 년 동안 우리의 어깨를 짓누르던 자연의 엄청난 부담을 상대로 최종 승리를 거둘 가능성이 높아지고 있다는 점이다.

11장
인류세

영국이 석탄을 태워 증기기관을 돌리기 시작한다. 대량생산을 통해 과학 혁신과 경제 혁신이 폭발적으로 이루어지기 시작한다. 나머지 세계는 이를 따라잡기 위해 노력한다. 세계가 인류세라는 새로운 지질 시대에 입성한다.

캄브리아기 같은 신기술의 대폭발로 보나, 생각과 독트린의 혁명으로 보나, 지구에 사는 모든 사람의 생활 방식에 나타난 급진적인 변화로 보나, 산업혁명은 세계를 현대 사회로 전환시킨 복잡성의 또 다른 놀라운 전환점이었다. 그것이 또 다른 지질 시대인 '인류세Anthropocene'로 들어가는 문을 열어놓았음은 말할 것도 없다. 인류세 기간에 인간은 지구에 생명이 등장하고 38억 년 동안 존재했던 그 어떤 단일종보다 급속하고 급진적으로 이 행성에 영향을 미치고 있다. 인류세는 완신세Holocene(마지막 빙하기가 끝나고 시작된 시기)를 뒤따라온 지질학적 시기다. 이 용어는 인간을 의미하는 그리스어 'anthropos'에서 유래했다.

우리는 현재 알려진 우주의 역사 안에서 전례를 찾아볼 수 없는 수준의 복잡성 속에서 살고 있다. 구조적 복잡성에서 따져보면 통합된 현대 글로벌 시스템 안에는 전례 없이 많은 사람이 살고 있으며(이 글을 쓰고 있는 시점에는 79억 명), 모두가 집단학습 시스템에 속한 잠재적 혁신가다. 그리고 이 사람들이 거의 즉각적인 소통 수단, 운송 수단, 그

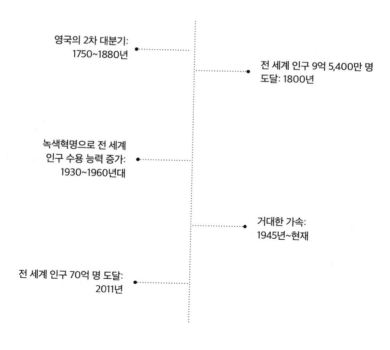

영국의 2차 대분기:
1750~1880년

전 세계 인구 9억 5,400만 명
도달: 1800년

녹색혁명으로 전 세계
인구 수용 능력 증가:
1930~1960년대

거대한 가속:
1945년~현재

전 세계 인구 70억 명 도달:
2011년

리고 전례 없는 낮은 문맹률 등을 통해 하나로 통합되어 있다. 거대하고 정교한 무역 네트워크, 공급, 법, 에너지 생산, 그리고 그 어느 때보다 폭넓은 노동 다변화가 이 지식의 그물망을 유지하고 있다. 에너지 흐름이라는 측면에서 보면 사회의 에너지 흐름 밀도는 농업 시대의 100,000erg/g/s에서 산업화된 19세기에는 500,000erg/g/s, 그리고 오늘날 선진국에서는 2,000,000erg/g/s로 증가했다.

2차 대분기

첫 번째 핵심 요소는 화석연료를 산업 생산에 이용한 것이었다. 화석연료는 석탄, 석유, 천연가스를 말한다. 이들을 화석연료라 부르는 이유는 이것이 실제로 6억~1,000만 년 전에 죽어간 생명체들이 남긴 잔해이기 때문이다. 석탄은 3억 5,000만 년 전부터 거대한 나무들이 땅으로 쓰러지고 지각판에 눌려 암반층에서 딱딱하고 두꺼운 석탄층을 형성하면서 만들어졌다. 석탄을 태우면 수십억 년 동안 모아놓은 식물의 에너지가 방출된다.

산업용 기계를 통해 수확한 화석연료의 에너지는 인간과 동물의 노동력과 나무를 태워서 얻는 에너지 출력을 훨씬 능가한다. 이것이 18~19세기 산업혁명의 원동력이었고, 현재까지도 인간이 사용하는 에너지의 상당 부분을 책임지고 있다.

석유도 그와 비슷하게 수억 년 전에 죽은 단세포 생명체(그리고 일부 다세포 생명체)가 지각판의 압력에 눌려 침전물이 형성되면서 만들어졌다. 간혹 천연가스가 고이기도 했다. 이것은 석유의 화석화 과정에서 압력에 의해 생명체 안에 들어 있는 잔여 가스가 모두 밀려 나오면서 생긴 부산물이다.

18세기 영국에서 산업혁명이 시작되었다. 1712~1775년에 이루어진 증기기관의 지속적 개선, 방직기계 사용으로 수작업보다 훨씬 빨라진 옷감 생산, 질과 양 모든 면에서 개선된 철 생산 방식 등의 덕분에 대량 생산에 불이 붙기 시작했다. 영국의 직물 산업은 1750~1800년에 면직물 가격을 100퍼센트 끌어내렸다. 1820년에 영국은 세계를 주도하는 철강 생산 국가로 자리 잡았다. 1750~1870년에 석탄 생산량이 600퍼센트 증가했다. 이미 1800년경에 영국의 제조 속도는 지구상에 존재했던 그 어느 농업 국가보다 세 배나 높았다. 그 덕분에 영국은 적은 인구에도 불구하고 지구에서 가장 부유한 국가가 되었다.

영국 사회에서 농업은 더 이상 지배적인 산업 분야가 아니었다. 1750년경에는 영국 경제의 대략 50퍼센트가 상업적 벤처 사업을 바탕으로 구축되어 있었다. 1750~1850년에, 농업 인구는 영국 인구의 60퍼센트에서 30퍼센트로 떨어졌다. 19세기에는 거대한 노동 다변화가 일어나 기술자, 변호사, 과학자, 사업가 등 더 많은 전문가가 등장했고, 이것이 집단학습에 그 어느 때보다 크게 기여했다. 이것을 통해 폭발적 혁신이 시작되었다. 산업화된 모든 국가에서 이와 비슷한 현상이 일어났다.

대략 1880년까지는 영국의 주도권이 계속 커져, 인구가 적은 국가임에도 불구하고(1880년 기준으로 전 세계 총인구의 2~2.5퍼센트) 전 세계 상품의 23퍼센트가 영국에서 만들어졌다. 이와 대조적으로 중국은 전 세계 인구의 30퍼센트를 차지했지만 전 세계 상품 중 12퍼센트를 생산했다. 그러나 1800년에는 중국이 전 세계 제조 상품의 33퍼센트를 생산했다. 이는 농업경제에서 중국이 차지했던 인구 규모와 대략 맞아떨어지는 비율이다.

따라잡기 위한 전 세계의 노력

영국은 산업화에서 다른 국가들에 비해 적어도 몇십 년 앞서 출발했다(일부 국가와 비교하면 한 세기 이상). 영국은 나폴레옹 전쟁과 미영 전쟁(1812)에서 나폴레옹과 그 동맹, 그리고 미국에 대항할 수 있었고, 1839~1842년 제1차 아편 전쟁에서는 한때 전 세계적 강국이었던 중국을 물리치면서 차츰 인류 역사상 가장 큰 제국을 건설해나갔다.

산업화의 장점이 점점 더 분명해지면서 다른 국가들도 산업혁명을 재현하기 위해 노력했다. 벨기에는 이미 1820~1830년대에 산업화를 진행하고 있었다. 프랑스는 1840년대에 산업화를 시작했지만 부분적 성공에 그쳐 1880년을 기준으로 전 세계 총제조량에서 영국의 23퍼센트에 훨씬 못 미치는 8퍼센트를 달성하는 데 그쳤다. 이들 국가는 한참 후에야 따라잡았다. 프로이센은 1850년대에 산업화를 시작했다. 다른 게르만 국가들은 뒤처져 있었지만, 1871년 통일 이후 산업화에 박차를 가했다. 1910~1920년대에 독일은 영국의 산업역량을 추월했다. 산업역량 수준과 두 차례 세계 대전은 우연이 아니었다.

산업생산 측면에서 확실하게 영국을 뛰어넘은 최초의 강대국은 미국이었다. 1865년에 남북전쟁이 끝난 후 미국은 서부 개척과 북부 산업화에 집중했다. 그리고 막대한 수의 이민자를 받아들였다. 1880년경 미국의 인구는 5,000만 명으로 영국을 뛰어넘었고, 미국에서 생산되는 제품의 양은 전 세계의 15퍼센트를 차지했다. 1900년경 미국의 인구는 7,600만 명으로 늘어났고, 전 세계 제품의 25~30퍼센트를 생산했다. 영국은 퇴색하고 미국의 주도권은 날로 커졌다.

현대 초강대국이 되기 위한 조건은 분명하다. 산업화를 통해 선진국으로 진입했다는 조건 아래 인구가 최대한 많아야 한다. 오늘날 인구 15억 명에 해당하는 국가들이 나머지 65억 명을 지배하는 이유, 중국과 인도 같은 국가들이 본격적으로 산업화를 이어가는 이유도 그 때문이다. 14억 명의 중국인이 오늘날 3억 3,000만 명의 미국인처럼 산업화되어 있다고 상상해보라.

서구 바깥에서는 초기 산업화 주자로 나선 두 국가가 글로벌 무대에서 주도적 위치를 획득하고 유지하기를 열망하고 있었다. 러시아는 19세기에 산업화를 시도했지만, 1900년을 기준으로 전체 인구 중 산업 노동자가 5퍼센트에 불과하고, 1억 3,600만 명의 인구가 있음에도 전 세계 총생산에서 8.9퍼센트를 차지할 뿐이었다. 제1차 세계 대전 때 소련이 등장하고 스탈린의 철권통치가 이루어지면서 산업화를 더욱 강제했지만, 그때도 러시아의 제조 상품 비율은 미미한 증가에 그쳤다.

일본은 더 성공적이었다. 일본은 1868년 메이지 유신 이후 신속한 현대화와 산업화를 개시했다. 중앙 정부는 서구의 전문가들을 초청해 서구와 아주 비슷한 체질로 변화를 꾀했고, 막대한 보조금을 지급하면서 공장의 생산을 독려했다. 이렇게 함으로써 일본은 반세기 만에 봉건 사회에서 현대 사회로 전환하는 데 성공했다. 일본은 꽤 큰 인구 규모를 바탕으로 거대한 산업경제를 구축했다. 하지만 1900년 기준 일본은 전 세계 산업 산출량의 2.5퍼센트를 담당할 뿐이었다. 그리고 제2차 세계 대전이 끝날 때까지 별로 향상되지 않았다. 하지만 그 후 '경제 기적'을 통해 산업화된 인구가 믿기 어려울 정도로 부유해지는 데 성공했고, 오늘날까지도 미국, 중국에 이어 세계 3위 자리를 차지하고 있다.

세계 구역들의 통합, 화석연료의 힘, 그리고 무역과 과학적 성취의 불균형 덕분에 그 어느 때보다 거대한 제국이 만들어져 전 세계 광활한 영토와 인구 대다수가 유럽, 미국, 일본의 소규모 무장 병력에 의해 통제되기에 이르렀다. 1914년경 세계 영토의 약 85퍼센트가 제국에 의한 외세의 지배 아래 떨어졌다.

　두 차례 세계 대전과 수십 번에 걸친 혁명도 이런 불균형을 변화시키지 못했다. 미국과 소련은 냉전 시대에 직간접적으로 막대한 제국의 힘을 휘둘렀다. 미국은 1989년 이후 세계무대를 지배했다. 중국은 현재 급속한 성공을 거두며 아시아, 아프리카, 유럽, 오스트랄라시아, 미국에 대한 영향력을 확대하고 있다. 프랑스가 종종 간과되고 있지만 서아프리카를 대상으로 상당한 제국의 영향력을 유지하고 있다. 전 세계 국가 중 상당수가 소수 국가의 영향력 아래 놓여 있는 셈이다. 제국의 시대가 20세기 중반에 막을 내렸다고 생각하는 사람이 있다면 다시 생각해볼 일이다. 제국은 아직도 존재한다. 다만 홍보를 살짝 더 강화해 은밀하게 존재할 뿐이다.

거대한 가속

1870~1914년에 전 세계 평균 연간 무역 성장률은 3.4퍼센트, 1인당 평균 연간 GDP 성장률은 1.3퍼센트였다. 1914~1945년에는 두 차례 세계 대전의 재앙으로 평균 연간 무역 성장률이 0.9퍼센트로, 1인당 평균 연간 GDP 성장률이 0.91퍼센트로 떨어졌다. 그 후 핵폭탄이 등장

하면서 초강대국 간 전쟁이 일어날 경우 치러야 할 대가가 너무 커졌다. 역설적이게도 인류 역사상 가장 파괴적인 무기의 등장으로 1945년부터 지금까지 적어도 5,500년 동안 전 세계 역사에서 가장 오래 평화가 유지되었다(상대적으로). 초기 농업 사회의 소규모 접전이나 약탈, 그리고 호모 사피엔스가 탄생한 31만 5,000년 전으로 거슬러 올라가 수렵채집 사회의 10퍼센트 사망률까지 모두 따진다면 훨씬 더 길어질 것이다.

그리하여 1945년부터 현재까지 수출, GDP, 인구, 복잡성이라는 측면에서 전례 없는 큰 성장을 이루었다. 이 시기를 '거대한 가속Great Acceleration'이라고 부른다. 1945년부터 2020년까지 전 세계 평균 연간 무역 성장률은 6퍼센트, 전 세계 평균 GDP 성장률은 3퍼센트였다. 인류의 복잡성을 증대시킨 대부분 사건은 지난 70년 동안 일어났다. 그리고 그 중에는 여전히 일부 사람의 기억에 생생하게 남아 있는 일들도 있다.

오늘날에도 주도권은 여전히 인구 3억 3,000만 명에 전 세계 GDP의 약 25퍼센트를 생산하는 미국이 쥐고 있다. 현재 중국은 아직 산업화가 진행 중인 14억 인구를 바탕으로 전 세계 GDP의 16퍼센트를 차지하고 있다. 그다음으로 경제 규모가 큰 국가를 보면 일본이 5.8퍼센트, 독일이 4.3퍼센트를 차지한다. 반면 인구가 훨씬 많은 러시아는 전 세계 GDP의 1.8퍼센트를 차지한다. 영국, 오스트레일리아, 캐나다, 뉴질랜드를 합치면 전 세계 GDP의 6.8퍼센트에 해당한다. 브렉시트 결과 이들 국가가 CANZUK(Canada, Australia, New Zealand, United Kingdom)

를 기반으로 통합을 이룬다면 대단히 흥미로울 것이다. 인도는 인구가 13억 5,000만 명에 이르지만 현재 전 세계 GDP의 3.3퍼센트를 차지하며 산업화에서도 중국에 뒤처져 있다. 중국과 인도 모두 GDP 성장은 전 세계 인구에서 그들이 차지하는 비율에 맞추어 조정해가는 것에 불과하며, 19세기 2차 대분기를 거꾸로 되돌리는 과정이다. 그 거대한 인구가 가까운 미래 시점에 경제성장을 가로막는 장애물로 작용하지 않는다면 말이다.

전 세계 인구는 1945년 25억 명에서 오늘날 79억 명으로 증가했다 (여러분이 이 책을 읽을 즈음에는 아마도 80억 명에 도달할 것이다). 인구가 처음 10억 명에 도달하는 데 31만 5,000년이 걸렸는데 20억 명으로 늘어나는 데는 100년이 걸렸고, 몇십 년마다 추가로 10억 명씩 늘어나고 있다. 1930년대에서 1960년대까지 있었던 녹색혁명 덕분에 대단히 효과 좋은 화학 비료, 살충제, 그리고 인공적으로 성분을 강화한 곡물과 쌀이 만들어지면서 전 세계 인구 수용 능력을 끌어올렸다. 인도와 중국은 19세기와 20세기 초중반에 끔찍한 기근을 겪었으나 그 후 인구가 폭증해 10억 명을 넘어섰다.

전 세계 GDP 산출량은 1914년 2조 7,000억 달러에서 1997년 33조 7,000억 달러, 2008년 63조 달러, 그리고 이 글을 쓰는 시점에는 87조 달러로 늘어났다. 식량 생산 측면에서, 곡물 산출량은 1900년 4억 톤에서 오늘날 20억 톤으로 늘어났다. 관개지 면적은 1900년 63만 제곱킬로미터에서 1950년 94만 제곱킬로미터, 오늘날 260만 제곱킬로미터로 늘어났다.

아주 짧은 시간에 세계는 지난 138억 년 그 어느 때보다 복잡한 글로벌 시스템 안에서 작동하며 지난 인류의 역사 31만 5,000년 중 그 어느 때보다 많은 인구로, 그 어느 때보다 많은 생산량을 보여주고 있다. 이제 우리는 이메일과 인터넷으로 즉각적 소통이 가능한 79억 명의 잠재적 혁신가로 이루어진 네트워크 안에서 살고 있다. 미래 집단학습을 가

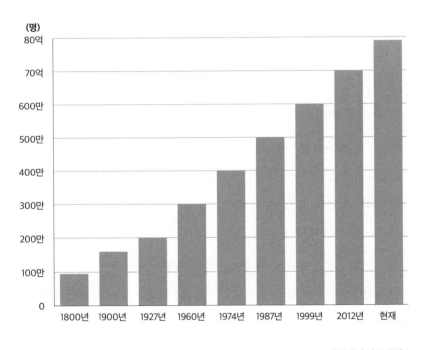

인류세의 인구 폭발 |

속화하기 위해서는 참으로 좋은 징조다. 특히 개발도상국 거주자들을 위한 교육과 취업 기회가 더 넓게 열리고 있어 더욱더 좋다.

인류세

몇몇 지표를 기준으로 보면 인간은 현재 지구 표면에 작용하고 있는 지배적인 환경적, 지질학적 힘이다. 30억~25억 년 전 산소 대폭발 사건 이후 지구의 진화에 이렇게 심오한 영향력을 미친 생명체는 없었다.

인류세가 실제로 시작된 시기에 대해서는 논란이 있다. 어떤 사람은 1만 2,000년 전 농업의 시작을 기점으로 잡는다. 이때는 개간하기 위해 거대한 숲을 파괴하면서 이미 탄소 배출이 늘어났을 수도 있다. 인간이 테라포밍terraforming[17]을 시작하면서 새로운 수백만 종의 동물을 가축화하고 사육하기 시작한 때이기도 하다. 하지만 인류세의 개념을 지지하는 사람들은 대부분 이런 변화만으로는 완전히 새로운 지질학적 시대가 열렸다고 부르기에 충분하지 않다고 생각한다. 그래서 어떤 사람들은 1750년경이나 1800년경 산업혁명이 시작되던 때를 인류세의 시작으로 잡는다. 이때부터 탄소 배출과 환경 변화에 기술이 미치는 영향이

---

17 인간이 거주할 수 있게 환경을 개조하는 활동.

그 어느 때보다 커졌기 때문이다. 어떤 사람들은 인류의 성장 대부분이 1945년 이후 이루어졌고, 그때부터 핵무기 실험이 시작되어 전 세계적으로 붕괴하는 동위원소의 원자시계에 지장을 주었기 때문에 '거대한 가속'을 인류세의 출발점으로 본다.

순수한 연간 멸종률로 따지면 인간은 지난 5억 5,000만 년 동안 일어난 다섯 번의 대멸종보다 빠른 속도로 생물 종을 멸종시키고 있다. 그래서 어떤 이들은 인간이 인류세에 여섯 번째 대멸종을 이끌고 있다고 말하기도 한다. 그것 말고도 인류의 민물 사용량은 1900년 이후 10배나 증가했다. 그로 인해 인간과 다른 생명체들이 의존하며 살아가는 지구의 대수층aquifer[18]이 완전히 말라버릴 수도 있다. 현재 전 세계 산호초의 70퍼센트가 위험에 처해 있다. 지난 70년 동안 대기 중 이산화탄소 농도가 400ppm 이상으로 증가했다. 지난 300만 년 중 가장 높은 수치다. 이 모든 것이 지구의 시스템에 미치는 막대한 영향력을 암시한다. 모두 좋지 않은 조짐이다.

기후변화 문제를 보면, 산업혁명 이후 지구의 평균 온도는 섭씨 1도 정도 상승했다. 1,000년 전 중세 온난기와 동일한 평균 온도에 가까워지는 중이다. 지구의 평균 온도가 4도 이상 증가하면 바다와 시베리아에 얼어 있던 메탄이 녹아 탈주 온실 효과runaway greenhouse effect가 시작될

---

18 지하수가 들어 있는 지층.

위험이 있다. 그러면 섭씨 5~6도 더 높아진다. 장기적으로 보면 이런 증가로 인해 작물을 경작할 수 있는 토지가 줄어들고, 많은 인류가 굶주리며, 생명 다양성이 훨씬 축소되고, 해수면 상승으로 인구가 많은 지역이 물에 잠길 수 있다.

인구의 막대한 성장도 인류세의 또 다른 걱정거리다. 다행스럽게도 선진국과 개발도상국 모두 산업화 과정에서 인구 증가 속도가 늦춰지는 것으로 보인다. 그럼에도 세계 인구는 2050년에 90억 명, 2100년에 100억~130억 명에 도달할 것으로 예상된다. 이런 인구 증가의 대부분은 인구 과잉에 대처할 준비가 안 된 최빈국 지역, 특히 사하라 이남 아프리카에서 일어나고 있다. 이것이 많은 문제를 낳고 있다. 급속한 산업화로 인구 증가 속도를 늦추거나, 아예 산업화를 포기하는 경우가 아니면(아프리카, 인도, 중국을 설득할 수 있을지 의문이지만) 이미 거의 벼랑 끝에 내몰린 지역에서 토머스 맬서스Thomas Malthus가 예언한 재앙이 현실화될 위험이 있다. 이미 현재 전 세계 이산화탄소 방출량의 65퍼센트가 개발도상국에서 나오고 있다. 이에 대한 장기적 해결책은 수소 융합 발전 같은 기술밖에 없을 듯하다. 수소 융합이 가능해지면 상대적으로 환경에 거의 영향을 미치지 않는 저렴하고 깨끗한 에너지가 세상에 넘쳐날 것이다. 그럼 세상이 붕괴할 위험을 무릅쓰지 않고도 가난한 국가들의 산업화가 가능해지고, 생활수준도 만족스러울 정도로 끌어올릴 수 있을 것이다.

넓은 시각에서 보면 새로운 복잡성 문턱에 이은 최초의 폭발적 성장 이후 압박 시기가 뒤따르는 것은 전혀 놀라운 일이 아니다. 농업을 받아들인 직후 그런 일이 일어났다. 우리는 현재 인류세의 아주 초기 단계에 있기 때문에 심각한 압박을 경험하지 못했다. 진화의 역사 매 단계에서 생물 종은 자신의 환경을 고갈시키는 바람에 자원과 에너지 흐름을 두고 경쟁하기 위해 자신의 특성을 새로운 환경에 맞게 적응해야만 했다. 그리고 결국 복잡성이 우주의 모든 에너지 흐름을 빨아먹다가 에너지가 바닥나면 복잡성 자체가 죽음을 맞았다.

인류세를 살아가는 인류의 당면 과제는 늦지 않게 새로운 혁신을 이루어 또다시 인구 수용 능력의 한계에 부딪혔을 때 찾아올 끔찍한 쇠퇴와 죽음을 피할 수 있느냐 하는 것이다. 이 황금기를 살아가는 우리는 훨씬 높은 새로운 단계로 도약하느냐, 아니면 철기 시대 혹은 또 다른 암흑의 나락으로 떨어지느냐 하는 갈림길에 서 있다.

이제 마지막 장에서 몇 세기 후, 몇백만 년 후, 그리고 몇조 년, 몇조 년, 몇조 년 후 우리의 미래에 대해 고민해볼 차례다.

4부

미지의 단계

현재~10^{40}년 후

12장

가까운 미래와 머나먼 미래

인류세에 살고 있는 인류의 운명은 크게 네 가지 가능성 중 하나로 좁혀진다. 자연적으로 찾아올 우주의 미래에는 복잡성이 서서히 희미해진다. 머나먼 미래의 잠재적 복잡성은 초문명의 등장으로 이어질 수도 있다. 우주의 최후는 대동결, 대파열, 대붕괴, 대구원 중 하나가 될 것이다.

우주는 하얗고 뜨거운 에너지의 점에서 시작되었다. 그 안에는 맨눈에 보이는 것이든, 막강한 현미경이나 망원경으로 보이는 것이든, 우리 주변의 모든 것을 만들어낼 재료가 이미 들어 있었다. 열역학 제1법칙은 적어도 뉴턴 역학의 척도 안에서는 세상 그 무엇도 새로이 만들어지거나 파괴되지 않으며 형태만 바뀔 뿐이라고 한다. 이 열역학 제1법칙에 따르면 우리가 곧 우주다. 다만 우주 중에서 의식과 자기인식을 갖춘 대단히 복잡한 일부일 뿐이다. 우리와 우주는 하나의 총체이며, 우리가 우주를 바라보는 것은 곧 자기 자신을 바라보는 것이다. 그 사실만으로도 충분히 기념할 만하다. 우리의 시력이 비록 결함은 있을지라도 우리는 저 너머 먼 곳까지 바라볼 수 있는 재능을 타고났다. 그런 영광을 주장할 수 있는 원자 덩어리는 우주에 그리 많지 않다.

빅뱅이 있고 10-35초 후에 관측 가능한 우주의 물리법칙이 일관성을 갖추면서 불균일하게 분포된 작은 에너지 점들도 함께 등장했다. 열역학 제2법칙에 따라 에너지가 균일하게 분포된 우주를 만들기 위해 이 점들은 에너지가 많은 곳에서 적은 곳으로 에너지를 흘려보내기 시작했다. 이런 에너지 흐름이 항성, 다양한 화학물질, 생명체, 사회를 창조해 냈다. 우주에 존재하는 모든 복잡성은 에너지 흐름에 의해 창조되고, 유지되고, 증가했다. 햇빛에서 광합성 식물로, 식탁에서 입으로, 주유 펌프에서 제트 엔진으로 에너지가 흘러갔다. 99.9999999999999퍼센트가 죽어 있는 우주에서 우주 속 작은 점들은 점차 복잡해졌다. 지금부터 세상이 어디로 흘러가든지 간에 우리는 지난 138억 년의 어느 시점보다 복잡성이 높은 이 시기를 함께하는 행운을 누리고 있다. 그냥 감상적인 의미에서 행운이라고 말하는 것이 아니다. 몇백경분의 1 확률에 버금가는 수학적 의미의 행운을 말하는 것이다.

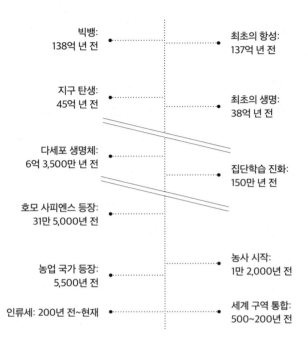

빅뱅:
138억 년 전

최초의 항성:
137억 년 전

지구 탄생:
45억 년 전

최초의 생명:
38억 년 전

다세포 생명체:
6억 3,500만 년 전

집단학습 진화:
150만 년 전

호모 사피엔스 등장:
31만 5,000년 전

농사 시작:
1만 2,000년 전

농업 국가 등장:
5,500년 전

인류세: 200년 전~현재

세계 구역 통합:
500~200년 전

　우주의 역사에서 가장 핵심적인 추세는 복잡성이다. 그리고 인류의 역사에서 핵심적인 추세는 집단학습이다. 이것이 다시 복잡성을 증가시킨다. 이 두 가지 추세를 이용하면 단기적 미래와 장기적 미래를 어느 정도 예측할 수 있다. 역사 연구 분야에서는 이런 경우가 드물다. 더군다나 복잡성과 집단학습의 추세가 실제로 결실을 맺어 상승 추세의 의미를 독자들에게 분명히 밝히는 것은 미래에서나 가능하다.

　그렇다면 우리의 이야기는 대체 어디를 향할까?

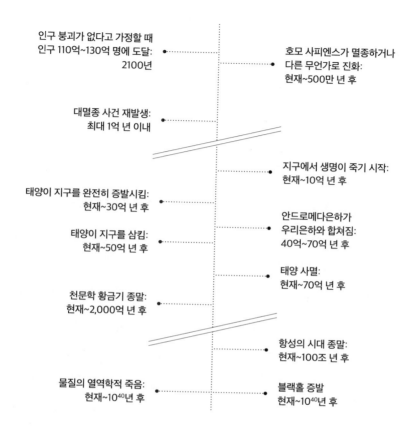

인구 붕괴가 없다고 가정할 때
인구 110억~130억 명에 도달:
2100년

호모 사피엔스가 멸종하거나
다른 무언가로 진화:
현재~500만 년 후

대멸종 사건 재발생:
최대 1억 년 이내

지구에서 생명이 죽기 시작:
현재~10억 년 후

태양이 지구를 완전히 증발시킴:
현재~30억 년 후

안드로메다은하가
우리은하와 합쳐짐:
40억~70억 년 후

태양이 지구를 삼킴:
현재~50억 년 후

태양 사멸:
현재~70억 년 후

천문학 황금기 종말:
현재~2,000억 년 후

항성의 시대 종말:
현재~100조 년 후

물질의 열역학적 죽음:
현재~10^{40}년 후

블랙홀 증발
현재~10^{40}년 후

미래 예측

미래를 예측할 때는 하나의 미래가 아니라 여러 개의 미래를 예측해야
한다. 그런 다음 그 타당성을 바탕으로 각각의 시나리오를 평가해야 한
다. 이런 여러 가지 미래는 정확한 구체적 사항과 상관없이 한 스펙트럼

위에 떨어진다.

1. 예상되는 미래: 과학에서 일어날 거라고 말하는 미래로, 현재 추세가 예측하는 대로 펼쳐지는 상황이다. 보통 여기서는 변수나 행동에 큰 변화가 없고, 역동적인 발견도 없을 거라고 가정한다. 예상되는 미래라고 해서 가능성이 가장 높은 것은 아니다. 결국에는 새로운 발견이나 변수의 변화가 실제로 일어나기 때문이다. 하지만 이것은 미래를 예측할 때 중요한 기준점 역할을 한다. 예를 들어, 예상되는 미래에서는 온실가스 배출과 전 세계 산업 성장이 현재 속도대로 계속 이어진다고 가정했을 때의 결과를 예측한다.

2. 개연성 있는 미래: 과학에서 일어날 수 있다고 말하는 미래로, 알려진 과학의 범위 안에서 일어나는 변형이나 변화가 가리키는 추세의 방향이다. 개연성 있는 미래는 예상되는 미래의 허용 오차 혹은 허용 변화로서 과학이 이미 이해하고 있지만 아직 발생하지 않은 것을 말한다. 예를 들면, 태양광 기술에 더 많이 의존하고 화석 연료에는 덜 의존하는 쪽으로 이행하는 것 등이다.

3. 가능한 미래: 과학에서 발견할지도 모르는 미래로, 과학이 아직 모르는 발견이 미래의 결과를 바꾸는 경우 혹은 모든 것이 어떻게 작동하는지 과학적으로 구체적인 설명을 할 수 없는 경우다. 우리는 지금으로부터 200년 후의 기술적 진보를 내다볼 수 있는 예지력 있는 기술자가 아니다. 1800년에 인터넷의 등장과 그것이 사회에 미치는 영향을 예측하는 것이 얼마나 어려웠

을지 상상해보라. 가능한 미래는 '현재 + x = 결과'와 같은 대수방정식처럼 미지의 변수를 가지고 있다. 사실 대수방정식처럼 우리는 알려진 변수를 이용해서 x의 실제 값이 무엇인지 더 명확한 그림을 얻을 수 있다. 인공지능이나 핵융합, 혹은 양자컴퓨터 혁신(우리는 이런 것들을 어떻게 제작하는지 아직 완전히 알지 못한다)에서의 커다란 발전이 이 범주에 해당할 것이다.

4. 가당찮은 미래: 과학에서 일어날 수 없다고 말하는 미래로, 예측한 결과가 알려진 과학의 법칙을 대놓고 부정하고, 가용한 모든 데이터나 이해와 모순을 일으키는 경우다. 이것은 예측에서 중요한 역할을 한다. 그저 대비만으로 가능한 미래가 무엇인지 명확하게 정의해주기 때문이다. 이것은 기술에 대한 추측이 지나치게 비현실적으로 흐르는 것을 막아준다. 하지만 이것이 현재로서는 정말 믿기 어려운 기술을 예측하는 역할도 할 수 있다. 로켓이나 인간의 비행조차 등장하지 않았던 1800년 사람들에게 인간의 달 착륙은 터무니없고 가당찮은 미래로 보였을 것이다. 지금 볼 때는 열역학 제2법칙을 거스르는 기술이 가당찮은 미래의 사례에 해당할 것이다.

사실 아주 충분한 시간이 주어지면 복잡성의 증가에 의해 가당찮은 미래가 가능한 미래로, 그다음엔 개연성 있는 미래로, 심지어 예상되는 미래로 바뀔 수도 있다. 가능성의 한계를 파악할 수 있는 방법은 단 하나, 그 한계를 넘어 불가능성으로 들어가는 수밖에 없다.

가까운 미래의 분석

사실 수백 년, 수천 년 단위의 가까운 미래보다 시간 단위가 수십억 년, 수조 년인 머나먼 미래가 예측하기 더 쉽다. 이것은 전적으로 복잡성의 문제다. 수십억 년에 걸쳐 발생하는 광활한 우주의 변화를 예측할 때는 상대적으로 단순한 계system와 계산을 다룬다. 올바른 데이터만 있다면 수십억 년 후의 일이라도 태양이 얼마나 오래 살지, 안드로메다은하가 우리은하와 충돌하는 데 얼마나 걸릴지 알 수 있다. 인류는 그보다 훨씬 복잡한 계다. 각각의 사람 모두 수십억 가지 서로 다른 행동을 취할 수 있다. 이런 수십억 명의 행동이 모이면 계산도 엄청나게 복잡해진다. 아무리 성능이 뛰어난 슈퍼컴퓨터라 해도 계산이 불가능하다. 인류가 어떤 것을 우연히 발명하게 될지, 이런 발명이 사회에 속해 있는 사람들의 행동에 어떤 영향을 미칠지 예측하기는 힘들다. 그리고 인류와 자연의 상호작용(이 또한 대단히 복잡하다) 때문에 생길 질병이나 자연재해의 등장을 예측하기도 정말 힘들다.

다음 한 세기 동안 다가올 사건들을 예측하기는 어렵지만, 다음 100년에서 300년 후에 일어날 수 있는 결과는 다음의 넓은 범주 네 개 중 하나로 귀결된다. 결국 인류의 복잡성이 높아질 것이냐, 안정될 것이냐, 우아한 퇴보를 맞이할 것이냐, 파국을 맞이할 것이냐의 문제다.

1. 기술적 돌파구: 인간 사회가 앞으로 100~300년 후 현재 생산 양식에서 한계에 부딪히지 않고, 혁신 속도가 인구의 성장 속도를 따라잡는 경우다. 어쩌면 경제성을 확보한 핵융합 에너지가 잘 보급되어 최빈국도 국가 발전이 가능할 정도로 에너지가 저렴해지고, 전 세계적으로 에너지와 생산의 한계가 기하급수적으로 확장되고, 화석연료를 사용함으로써 생기던 생물권의 퇴화가 일어나지 않을지도 모른다. 하지만 이런 가능한 돌파구 중에는 미래의 복잡성을 통제하는 고삐가 인류에서 인공지능으로 넘어가는 시나리오도 포함되어 있다. 즉, 집단학습이 또 다른 복잡성의 도약을 시작한다는 의미다.

2. 녹색 평형: 인간 사회가 앞으로 100~300년 후 가까운 미래에 중요한 기술적 돌파구를 마련하지 못하고(최초의 농업혁명에서 산업혁명으로 넘어가기까지 1만 2,000년이 걸렸으니 기술적 돌파구가 당연한 것이라고는 못 한다) 생물권의 완전한 퇴화를 피할 수 있는 수단 안에서 살아가는 경우다. 그러기 위해서는 작은 규모에서의 기술적 혁신과 함께 현명한 계획, 정부 정책, 더 지속 가능한 형태의 생산으로 전환 등이 필요할 것이다. 인류의 복잡성은 크게 증가하지도, 그렇다고 떨어지지도 않는다.

3. 창조적 하강: 인간 사회가 환경 재앙이나 인구학적 재앙을 피할 목적으로 인간의 생산량과 소비량을 실제로 감소시키는 형태의 정책을 시행하는 경우다. 인류의 복잡성을 고의로 낮추는 것이다. 이 시나리오에 포함되는 사례를 들면, 급진적인 인구 조절이나 인구 감소, 중공업의 해체, 자동차 이용과 비행기 여행 제한, 재생 가능한 형태의 에너지로 대체하기보다는 에너지의 소

비와 생산 제한, 식량과 의복 배급 등이 있다. 오랜 시간에 걸쳐 하강을 진행하면 인류의 복잡성은 오늘날 사회보다 300년 전 농업 국가 시대에 가까워질 것이다.

4. 파국: 여기에는 환경 재앙, 핵전쟁, 슈퍼버그superbug,[19] 소행성 충돌, 초거대 화산 폭발 등 상상 가능한 모든 종말 시나리오가 포함된다. 원인과 상관없이 인류의 복잡성을 극적으로 떨어트릴 수 있는 모든 시나리오가 이 범주에 들어간다.

이 중에서 어떤 미래가 가능성이 가장 높을지 잠시 생각해보자. 왜 그렇게 생각했는가? 거의 20년 동안 기후 변화에 대한 대중적 논의가 이어지면서 선진국에서는 비관론이 눈에 띄게 득세했다. 2년에 걸친 코로나 팬데믹으로 특히 일자리가 사라지고 정신질환도 정점을 찍고 있으니 그런 비관적인 목소리가 커진 것도 당연하다.

하지만 충분히 오랜 시간 척도에서 생각해보면 집단학습이 기술적으로 또 다른 돌파구를 만들어낼 가능성이 높다. 인류의 복잡성은 이런 효과가 나타날 때까지 붕괴하지 않고 충분히 버티기만 하면 된다. 그런 면에서 인류의 21세기 최대 과제는 살아남는 것이다. 그러면 앞으로 다가올 수천 년 동안 놀랍고도 새로운 돌파구를 통해 복잡성이 지속적으로

---

19 항생제로 쉽게 제거할 수 없는 세균.

증가할 가능성이 높다.

우주의 복잡성 증가라는 더 폭넓은 맥락에서 보면 21세기에 벌어지는 일들이 그런 추세가 계속 이어질지 여기서 막을 내릴지 결정할지도 모른다. 그런 면에서 보면 현세대와 앞으로 몇 년 후에 태어날 세대들은 역사적으로 대단히 중요하고도 결정적인 순간을 살아가는 셈이다. 이 시기 우리의 행동은 지난 31만 5,000년 동안 등장했던 그 어떤 왕, 소작농, 농부, 수렵채집인 들의 행동보다 더 큰 영향을 미칠 것이다. 당신이 살아가면서 하는 일은 물리적으로나 시간적으로 정말 중요한 의미를

수소 핵융합 발전기 |

지니며, 미래에 반향을 일으킬 가능성이 높다. 기존의 그 어떤 개별적 행동도 꿈꾸지 못했던 방식으로 말이다.

자연적으로 찾아올 머나먼 미래

머나먼 미래에 대한 분석은 크게 두 가지 흐름으로 나뉜다. 첫 번째 흐름은 지구와 우주의 '자연적으로' 예상되는 미래/개연성 있는 미래다. 이런 경우에는 생물이나 사회 같은 고등한 복잡성이 우주의 진행 과정에 아무런 영향도 미칠 수 없다. 두 번째 흐름은 복잡성이 수백만 년, 수십억 년, 심지어 수조 년까지 계속 증가하면서 현재 지구에 존재하는 기술 단계를 뛰어넘어 더 넓은 우주에 우리가 영향을 미치고, 그 우주를 조작하는 단계까지 나아가는 일련의 가능한 미래/가당찮은 미래다.

현재 데이터로 볼 때 머나먼 미래에 일어날 자연적으로 예상되는 미래/개연성 있는 미래는 다음과 같다.

1. 현재부터 10억 년 후, 생물권의 죽음: 대멸종 사건은 평균 1억 년마다 발생한다. 하지만 지금까지 대멸종 사건이 세상을 완전히 끝장낸 적은 없다. 기존의 종 가운데 상당 부분을 쓸어버리는 데 성공했을 뿐이다. 머나먼 미래는 훨씬 확실하다. 약 10억 년 후에는 태양의 연료가 고갈되기 시작할 것이

다. 태양의 밝기는 높아지고, 이산화탄소 농도는 낮아질 것이다. 이것은 이제 지구의 식물들은 광합성을 하기가 점점 더 어려워져 이 작은 바위 행성 위의 복잡한 생명체를 유지하기도 어려워진다는 의미다. 10억 년 이후 생명은 살아남기 위해 몸부림치며 쇠퇴할 것이다. 이것은 5억 4,100만 년 전 캄브리아기 대폭발에서 지금까지의 시간 차이보다 거의 2배나 되는 시간이다. 이 정도면 무악류 척추동물 조상과 지금의 우리 사이 시간 간격의 2배 정도로, 다세포 생물 종이 진화를 통해 변화를 이어갈 수 있는 아주 긴 시간이다. 설사 인류가 멸종하더라도 집단학습이 가능한 또 다른 종이 그 시간 동안 진화해 몇십만 년 만에 현재 우리와 대등하거나 오히려 능가하는 복잡성을 달성할 가능성도 충분히 있다.

2. 현재부터 30억~70억 년 후, 지구와 태양의 사멸: 30억 년 후를 기준으로 태양이 점점 크기를 키우면서 지구의 표면을 완전히 증발시킨다. 일단 지표면의 온도가 섭씨 100도를 넘어가면 지구 위 생명체는 끝장이라고 할 수 있다. 어쩌면 지구 틈새에 일부 단세포 생명체가 존재할 수도 있지만, 이는 분명 복잡성의 쇠퇴이며 우리 생물권 이야기의 마지막 장이 될 것이다. 그 후로도 태양은 계속 크기를 키워 결국 지구를 집어삼키고 그 안에 남은 것을 모두 태우고 흡수할 것이다. 그리고 지구라는 행성 자체도 파괴될 것이다. 태양이 더 부풀어올라 화성까지 집어삼킬지도 모른다. 하지만 절대 그것보다 커지지는 못할 것이기 때문에 소행성대와 가스상 거대행성들은 별 탈 없이 남아 있을 것이다. 그리고 그 후에는 태양이 다시 수축하면서 결국 스스

로 소멸할 것이다. 만약 우리의 후손이 그렇게 먼 미래에도 살아남는다면 기술이 믿기 어려울 정도로 발전해 거의 신과 비슷한 경지에 올라 있을 것이다. 우리는 지구를 떠나 목성이나 토성의 위성을 테라포밍해서 그 위에 살거나, 태양에 거대공학을 적용해서 계속 타오를 수 있도록 수소를 보충하거나, 태양계를 떠나 다른 행성으로 옮겨가거나, 우리은하를 완전히 버리고 떠나거나, 아예 행성에서 살 필요가 없는 형태로 진화할지도 모른다.

3. 현재부터 2,000억 년 후, 천문학 황금기의 종말: 암흑 에너지가 우주의 팽창 속도를 높여 빛의 속도 너머로 계속 가속함에 따라 더 이상 다른 은하로부터 오는 빛을 볼 수 없다. 우리가 빅뱅 우주론에 대한 지식을 갖고 있지 않았다면 우리의 은하가 우리가 보는, 혹은 이 세상에 존재하는 전부였을 것이다. 우리는 우주에는 시작이 없고 정적이며 영원하다는 개념으로 되돌아갈 것이다. 일부 과학자들이 빅뱅의 증거를 볼 수 있고, 다른 은하도 볼 수 있는 현재를 천문학의 황금기라 부르는 이유도 이 때문이다. 우주는 수조 년을 사는데 아직 138억 살밖에 안 되었으니 상대적으로 유아기라 할 수 있다. 이 우주의 초기 단계에 태어난 우리는 참 복이 많다.

4. 현재부터 100조 년 후, 항성의 죽음: 일단 우주의 나이가 수조 년이 되면 우주의 모든 은하계에서 새로운 항성의 형성이 중단되고 크기가 제일 작고 늦게 타오르는 항성들만 여전히 타고 있을 것이다. 지금으로부터 100조 년 후에는 느리게 타오르는 마지막 작은 항성들도 죽어 있을 것이다. 이 시점에 도달하면 행성의 생명을 유지해줄 종래의 에너지 흐름도 더 이상 존재하지

않고 적당히 발전해서 우주를 항해하던 사회들도 자신의 복잡성을 유지하거나 증가시켜줄 충분한 에너지 흐름을 찾기 어려워질 것이다. 한 가지 대안은 블랙홀에서 나오는 방사선을 이용하는 것이지만, 이것은 항성이 쏟아내는 것만큼 넉넉한 양이 아니다. 이 예상되는 미래에서 한 가지 다행스러운 점은 수조 년 후에는 집단학습(혹은 무엇이든 그것을 뛰어넘는 훨씬 빠른 어떤 과정)이 놀라운 수준에 도달할 거라는 점이다.

5. 현재부터 10^{40}년 후, 물질의 열역학적 죽음: 10^{40}을 달리 표현하면 1조 곱하기 1조 곱하기 1조, 그리고 그 뒤에 0을 4개 더 덧붙인 값이다. 혹은 우리와 항성의 죽음 사이 시간 간격의 거의 3배 정도라고 표현할 수도 있다. 이 시점에 가면 항성들이 사라지고 행성과 소행성의 구조 자체가 완전히 무너질 것이다. 우주에 존재하는 모든 분자 결합도 이미 붕괴된 지 오래이고, 단일 원자들만 남을 것이다. 다만 이런 원자들 역시 점진적으로 더욱 단순한 원자로 붕괴할 것이다. 그렇게 해서 수소 원자만 남으면 이것도 다시 에너지로 붕괴해 우주는 약한 방사선 말고는 아무것도 없는 공허가 될 것이다. 그리고 이런 약한 방사선마저 열역학 제2법칙 때문에 점점 더 균일하게 분포할 것이다. 지금까지 우리의 이야기에서 복잡성을 창조해냈던 에너지 흐름은 자신의 임무를 모두 마무리하고, 우주의 모든 복잡성이 종말을 고한다. 내가 열역학 제2법칙이 세상의 창조자이자 동시에 파괴자라고 말한 의미가 바로 이것이다. 이제 우리에게 남은 것은 그 어떤 변화도, 사건도, 역사도 없는 텅 빈 영원이다. 세상만 끝나는 것이 아니라 우리의 이야기도 끝나고, 역사도

끝난다. 지금으로부터 10^{40}년 후에는 블랙홀마저 모든 방사선을 방출하고 증발해 성기게 퍼진 에너지가 된다.

이런 시나리오를 '대동결Big Freeze'이라고 부르며, 현재 데이터를 바탕으로 우주의 복잡성 이야기를 예상했을 때 나오는 미래다. 이것은 우주가 계속 가속하며 영원히 팽창한다는 개념을 바탕으로 구성한 이야기다.

우주의 종말을 예측하는 개연성 있는 미래는 두 가지다. 우리가 지금과 다른 우주의 팽창 속도를 관찰한다면 우주의 미래를 예측하는 데 사용할 데이터가 달라지기 때문이다. 만약 우주가 우리가 현재 관찰하고 있는 것보다 팽창 속도가 더 빠르게 가속한다면 '대파열Big Rip' 시나리오가 열린다. 이 경우에는 우주의 팽창 속도가 너무 빠르기 때문에 은하들 사이 거리가 멀어지고, 그 뒤 중력을 압도해서 은하가 산산조각 나며, 그 다음에는 원자를 붙잡아주는 핵력을 압도해버리기 때문에 항성, 행성, 생명체가 모두 산산조각 난다. 이런 일이 지금으로부터 불과 200억 년 후에 일어날 수 있다. '불과'라고 했지만 여전히 엄청나게 긴 시간이다.

두 번째 개연성 있는 미래는 '대붕괴Big Crunch' 시나리오다. 이 경우에는 우주 팽창 가속도가 느려지다가 결국 역전되어 우주의 모든 은하가 다시 빽빽하게 뭉쳐진다. 그러다가 결국에는 우리 이야기의 출발점이었던 하얗고 뜨거운 특이점으로 한곳에 뭉친다. 이것이 다시 또 다른 빅뱅(대폭발)으로 이어진다면 소위 말하는 '대반동Big Bounce' 시나리오로 이어진다. 이 경우 우주가 다시 팽창하면서 거듭, 거듭 새로 태어난다. 아주 시적이고 매력적인 시나리오다. 현재 데이터는 이런 시나리오를 가리키고 있지 않지만, 만약 우주의 팽창이 느려지다가 역전된다면 그때까지 500억 년에서 몇천억 년 정도의 시간이 걸릴 것이다.

'대동결' 시나리오는 눈물 속에 처절하게 죽어가는 미학을 담고 있어 암울하게 들릴 수도 있지만, 사실 복잡성이 증가할 수 있는 시간을 최대로 벌어주어 열역학 제2법칙에 붙잡힌 필멸의 운명에 대한 해법을 찾을 가능성이 가장 높다. 지금까지는 '대동결' 시나리오가 우리 이야기에서 가장 가능성 높은 결과로 보이니 오히려 샴페인을 터트리며 축하할 일이다.

복잡성의 머나먼 미래

우주가 모든 항성이 다 타서 사라질 때까지 100조 년 동안 존재할 것이고, 물질의 열역학적 죽음까지 1조의 수조 배의 수조 배 시간까지 존재할 거라고 볼 때, 현재의 우주 나이 138억 살이 얼마나 어린지 생각해보자. 그리고 지구 위에 생물학적 복잡성이 존재해온 시간(38억 년) 또한 얼마나 짧은지, 인간이 문자와 함께 국가와 사회를 형성해서 존재해온 시간(5,500년)이 얼마나 찰나의 순간인지, 그리고 마지막으로 지난 200년 동안 집단학습과 과학적 진보가 얼마나 가속되어왔는지 생각해보자.

우주가 앞으로 존재할 시간에 비하면 너무 짧아 거의 무시해도 좋을 정도다. 그 앞에 붙을 수많은 0을 생각하면 퍼센트로 표현하는 것 자체가 무의미하다. 복잡성의 증가가 현재처럼 계속 가속된다면, 그리고 수십억 년이나 수조 년까지 갈 것도 없이 수천 년이나 수백만 년 후에 이 복잡성이 어디까지 발전해 있을지만 생각해봐도, 고도로 발전된 사회라면 우주의 자연적 진화에 영향을 미칠 거라고 상상할 수 있다.

복잡성이 계속 증가한다고 가정하면 이런 결과가 가능한 미래일 뿐 아니라, 점점 개연성 있는 미래, 심지어 예상되는 미래로 변해갈 것이다. 하지만 그렇게 발전된 복잡성이 어떤 모습일지 예측하기는 거의 불가능하다. 인간은 지금으로부터 10년 후의 기술이 어떤 모습일지도 제대로 추측하지 못한다. 하물며 수천 년, 수백만 년의 시간이 흐른 뒤 모습은 더더욱 예측 불가능하다. 하지만 그 초문명 사회가 언젠가 얼마나 복잡하고 막강한 모습일지 생각해볼 방법이 있다.

이 책 시작 부분에서 복잡성의 지표에 대해 살펴봤다. 복잡성을 만들고, 유지하고, 증가시키는 에너지 흐름의 밀도 말이다. 태양은 2erg/g/s, 광합성 생명체는 평균 900erg/g/s, 개는 20,000erg/g/s, 인간의 수렵채집 사회는 40,000erg/g/s, 농업 국가는 100,000erg/g/s, 19세기 산업 사회는 500,000erg/g/s이다. 그리고 오늘날 사회는 2,000,000erg/g/s 정도다. 이렇게 정량화 가능한 지수가 있으면 머나먼 미래에 초문명이 얼마나 복잡해질지 예상할 수 있고, 심지어 그 지점에 도달하는 데 얼마나 걸릴지도 예측할 수 있다.

수소 원자 한 방울에서 DNA를 가진 단세포, 그리고 수조 개의 세포 네트워크로 이루어진 다세포 생명체, 가축과 온갖 기계와 함께 사회를 형성하는 인간의 네트워크에 이르기까지 에너지 흐름이 증가할 때마다 복잡성의 구조적 정교함도 함께 증가한다. 그리고 에너지 밀도가 증가할 때마다 물리법칙을 의식적으로 조작하고 주변 환경을 변화시켜 자신의 생존을 지속시킬 수 있는 인간의 능력도 커진다.

그런 초문명에서 어떤 과학이나 기적적인 발명이 등장할지는 감조차 잡기 힘들지만, 우리가 지금까지 이야기 속에서 관찰해온 추세로 보면 복잡성이 굉장히 발달해 은하의 구조와 우주의 진화 그 자체에도 영향을 미치기 시작할 것으로 보인다.

초문명

1964년에 러시아의 천문학자 니콜라이 카르다셰프Nikolai Kardashev는 얼마나 많은 에너지를 사용하느냐를 바탕으로 문명의 발전을 평가할 수 있는 척도를 제안했다. 이 척도에 나와 있는 다양한 단계는 행성, 항성, 혹은 은하가 갖고 있는 총에너지와 동등한 양의 에너지를 이용하는지 여부로 평가한다. 꼭 행성, 항성, 은하를 실제 에너지원으로 사용해야 한다는 의미가 아니다. 그냥 초문명이 그와 '동등한' 에너지를 생성할 수 있다는 의미다.

1. 1형 문명(행성): 인류세의 인류는 사실 행성 전체와 동등한 에너지를 사용하는 것에 가까워져 있다. 우리는 현재 '0.7' 혹은 그 이상의 문명에 해당한다. 따라서 조금 더 미래로 투사해보면 우리의 평균적인 자유 에너지 밀도는 2,600,000erg/g/s 정도다. 사실 이 정도면 사회의 평균 에너지 흐름이 아주 조금 증가한 것이기 때문에 그런 사회가 어떤 모습일지 적절하게 추측해볼 수 있다. 인구는 여기서 많이 늘어나지 않고, 복잡성을 유지할 에너지는 더 풍부하게 존재하는 행성이다(예를 들면, 전 세계 인구 100억 명 정도에 핵융합 발전기가 등장해 모든 사람이 현재 선진국과 비슷하거나 더 나은 생활수준으로 살고 있는 경우). 수렵채집 시대에서 오늘날까지 인류 복잡성 증가의 가속도를 적용해서 계산해보면 인류는 300년 안으로 1형 문명을 달성할 것으로 보인다. 순수하게 수치로만 보면 인류의 미래가 상당히 밝아 보인다. 복잡성이 예전 수준으로 돌아가지 않게 막을 수 있다고 가정할 때 현 세대가 우리 이야기에서 결정적으로 중요하다고 하는 이유가 바로 이것이다.

2. 2형 문명(항성): 이 지점에서 우리는 예상되는 미래 혹은 개연성 있는 미래에서 가능한 미래로 넘어왔다. 이것은 어떤 기술이 있어야 그 단계로 넘어갈 수 있는지 설명할 수 있는 정확한 지식을 과학이 아직 갖고 있지 못한 단

계를 말한다. 인류(혹은 인류가 변해서 된 존재)가 항성과 동등한 에너지를 이용하는 단계에 도달한다는 상상력이 다이슨 구Dyson sphere의 이미지를 만들어냈다. 이것은 항성이 우주로 쏟아내는 에너지 중 지구 위 식물이나 태양광 패널, 혹은 다른 에너지원에 부딪히는 극히 작은 일부를 흡수하는 것이 아니라, 항성 하나를 통째로 태양광 패널로 둘러싸 항성에서 나오는 모든 에너지를 흡수하는 장치다. 항성과 동등한 에너지를 이용하는 초문명의 자유 에너지 밀도는 대략 70,200,000,000erg/g/s다. 이는 현대 사회와 비교하면 복잡성의 커다란 도약에 해당한다. 그리고 구조적으로 상당히 더 복잡하고, 주변 환경과 우주의 근본적 물리법칙을 더 잘 조작할 수 있는 능력에 해당한

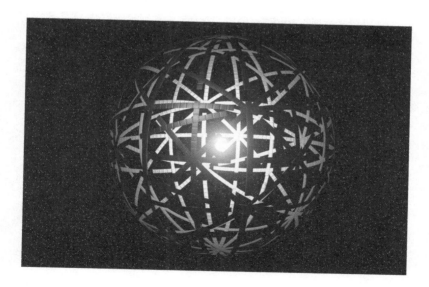

다이슨 구 |

다. 이것은 대략 단세포 생명체와 제2차 세계 대전 당시 스피트파이어Spitfire 전투기의 엔진 사이 간극에 해당하는 수준의 복잡성 차이다. 이 시점이 되면 인간이 '트랜스휴먼trans-human'[20]이나 '포스트휴먼post-human'[21]으로 전환하는 것이 분명 가능해진다. 어쩌면 인류가 생물학적 노화의 영향을 역전시키거나, 자신의 의식을 컴퓨터에 업로드해서 집단의식으로, 혹은 개별 사이보그로 영원히 살게 될지도 모른다. 계산 능력이 크게 향상되어 집단학습, 소통, 새로운 발명이 눈부실 정도로 빨리 이루어진다. 이번에도 현재의 복잡성 가속도에 따르면, 이 단계에 도달하는 데 길어야 2만 5,000년이 걸릴 것으로 보인다. 2만 5,000년 전에 수렵채집인들은 아프리카, 유럽, 아시아, 오스트랄라시아 곳곳에 퍼져 살았다. 이는 농업의 시작에서 현재까지 시간 간격의 대략 두 배에 해당한다. 1조의 수조 배의 수조 배에 해당하는 우주 복잡성의 총기대수명과 비교하면 2만 5,000년은 티끌만도 못한 짧은 시간이다. 항성의 불꽃이 남아 있을 100조 년과 비교해도 이 단계에 도달하는 데 걸리는 시간은 0.00000000025퍼센트밖에 안 된다.

이런 수치들은 우주생물학자와 SETI의 열렬한 지지자들(외계 지적 생명체를 찾는 일에 헌신하는 사람들)이 이미 의심하고 있었던 것을 분명하게 보여준다. 즉, 복잡성이 우주에서 시작되는 데는 수십억 년이 걸릴지도 모르지만, 일단

---

20 과학기술을 이용해 신체 일부를 변환하거나, 전자기술을 체내에 적용해 뛰어난 능력을 갖추게 된 인간.
21 인간과 로봇의 경계가 사라지며 현존 인류를 넘어선 신인류.

시작하면 각각의 돌파구를 뚫고 나가는 데 걸리는 시간이 점점 줄어든다는 것이다.

그렇다면 우주 어디선가 복잡성이 등장할 시간적 여유가 말도 안 되게 많다는 것을 알 수 있다. 그런 일이 꼭 우리라는 특정 종에게 일어나지 않는다고 해도 말이다.

3. 3형 문명(은하): 우리의 가상의 초문명이 항성 하나의 에너지를 이용하는 것으로는 우주의 근본 물리법칙을 조작하기에 충분하지 않다고 느낀다면 우리 은하에 존재하는 항성 2,000억 개에서 4,000억 개에 해당하는 에너지를 이용하는 수준으로 언제든 옮겨갈 수 있다. 그렇게 막강한 초문명이라면 자유 에너지의 밀도가 14,000,000,000,000,000,000,000,000erg/g/s 정도 나올 것이다. 이 정도면 복잡성으로 따졌을 때 아원자입자 하나와 현대 사회 사이의 차이보다 더 크다. 이 정도 초문명이면 사실상 우리 사회 전체와 에너지도 지금 우리 눈에 보이는 쿼크 하나 수준의 복잡성 정도로밖에 안 보일 것이다. 지금 우리는 우주의 근본 법칙 자체까지는 아니어도 은하 전체를 자신의 이해관계에 맞게 조작할 수 있는 힘을 가진 사회에 대해 이야기하고 있다. 이 정도면 신과 같은 힘이라는 것을 누구도 반박하기 어려울 것이다. 앞에서와 동일한 복잡성 가속도를 이용하면 10만 년 미만으로 이런 수준에 도달할 것이다. 이는 처음 아프리카를 떠났던 호모 사피엔스와 지금 우리 사이의 간극에 해당하는 시간이다. 설사 이런 예측이 빗나간다고 해도 이미 앞서 물리학자들은 우리가 은하 안의 모든 항성계에 도달하는 데 500만 년에

서 5,000만 년 정도 걸릴 거라고 추정한 적이 있다(빛의 속도보다 빨리 움직이는 것이 불가능하다고 가정했을 때). 이는 대략 침팬지나 영장류와의 마지막 공통 조상과 지금의 우리 사이 간극에 해당하는 시간이다. 5,000만 년이라고 해도 지구에 생명이 존재해온 시간에 비하면 새 발의 피이고, 항성과 은하가 계속해서 존재할 시간의 길이와는 비교도 안 된다.

말 그대로 한 은하 안에 들어 있는 항성들을 모두 이용해서 그런 수준의 에너지를 획득하려면 항성들을 일종의 '에너지 시설망energy grid' 안으로 이동시켜야 할 것이다. 이것을 은하 거대공학galactic macro-engineering이라고 한다. 만약 우주 다른 곳에 있는 극도로 고도화된 생명체가 존재해서 우리를 앞지르고 있다면, 지금까지 우리가 다른 생명체로부터 오는 무선신호를 찾아보겠다고 애쓴 것이 헛수고가 될지도 모르겠다. 그것보다는 4,000억 개의 은하를 뒤져 자연스러운 설명이 불가능한 거대 은하 구조물의 흔적을 찾아봐야 했을지도 모른다.

4. 4형 문명(우주): 이제 우리는 확실하게 가당찮은 미래의 영역으로 들어왔다. 우리은하를 가로질러 여행하는 것은 물리적으로 가능할지 몰라도, 관측 가능한 우주에 존재하는 모든 은하를 하나하나 찾아가려면 물리법칙을 거스르는 기술이 필요할 것이다. 그렇지만 어떻게든 이것을 달성한다면 대략 6,000,000,000,000,000,000,000,000,000,000,000,000,000erg/g/s의 에너지 밀도를 이용할 수 있다. 여기서는 복잡성을 비교하는 것 자체가 무의미해진다. 그런 비교를 해볼 여지는 이미 3형 문명을 얘기할 때 모두 사라

졌다. 현재 우주에는 이런 문명과 현재 사회의 복잡성 차이를 대비해볼 정도로 단순하거나 복잡한 것이 존재하지 않는다. 하지만 수치는 나와 있기 때문에 이런 수준에 도달하는 데 시간이 얼마나 걸릴지 계산해볼 수는 있다. 계산 결과는 놀랍다. 신과도 같은 능력이었던 기존의 2형 문명과 3형 문명이 갖고 있는 물리적, 기술적 장벽을 극복할 수만 있다면 4형 문명을 달성하는 데 20만 년도 걸리지 않는다. 이 계산에 따르면 현재의 0.7형에서 4형 문명까지 가는 데 대략 32만 5,000년이 걸린다. 호모 사피엔스가 존재해온 기간보다 조금 길고, 우주에 복잡성이 존재할 수 있는 시간에 비하면 티끌 같다. 이 계산이 어긋나서 복잡성의 가속이 중간에 현저히 늦춰진다고 해도 우리에게는 우주에 있는 모든 항성이 불타 사라질 때까지 그보다 거의 아홉 자리나 큰 수의 시간이 남아 있다.

초문명이 우주의 물리법칙을 수정 혹은 파괴하는 환경 조작 능력을 달성하기 위해 이런 수준의 에너지까지 이용할 가능성은 별로 없다. 그런 능력은 이미 2형 혹은 3형 문명에서 달성될 것이다.

5. 5형 문명(다중 우주): 이왕 여기까지 온 김에 아예 끝장을 보자. 1장에서 설명했던 소위 다중 우주라는 것이 존재하며, 어떤 식으로는 인플레이션 우주를 영원의 끝까지 여행해서 우주(에너지라는 것이 존재하는 우주)에서 나오는 모든 에너지 흐름을 일종의 네트워크(이런 네트워크를 만들려면 시간과 공간의 속성을 완전히 수정해야 할 것이다)로 통합할 수 있다고 가정하면, 5형 문명은 존재하는 모든 우주의 에너지 흐름을 이용할 수 있다. 안타깝게도 여기에 자

유 에너지 값을 부여하는 것은 불가능하다. 그냥 그 값이 말도 안 되게 크기 때문만은 아니다. 다중 우주에 들어 있는 우주의 수가 무한하다면 에너지의 값도 무한할 것이기 때문이다. 정해진 값이 없으니 그 단계까지 가는 데 시간이 얼마나 걸릴지 예측하는 것도 불가능하다. 무한히 많은 우주를 관통하는 데는 무한히 많은 시간이 걸릴 테니 말이다. 그런 면에서 볼 때 만에 하나 복잡성의 수준이 그 정도까지 높아질 수 있다면 사실상 복잡성의 '특이점'을 달성할 수 있을 것이다. 이곳에서는 모든 일이 가능한 발명의 사건 지평선을 뛰어넘어 무한을 향해 질주할 것이다.

이 정도 수준까지 가지 않아도 우리 우주의 근본 속성을 조작할 수 있다는 진술을 4형 문명에 적용할 수 있다면 5형 문명에서는 무한히 적용할 수 있을 것이다.

대구원

지금까지 대동결, 대파열, 대붕괴/대반동과 같이 우주의 '자연적' 종말로 생겨날 세 가지 결과를 다뤘다. 이 경우는 복잡성이 우주의 진화에 아무런 영향을 미치지 않는다. 아마도 이런 시나리오에서 등장하는 발전된 문명들은 모두 자기 행성에서 멀리 벗어나지 못하고 결국 멸종되는 것 같다. 이것을 두고 불가능한 시나리오라고 말할 사람은 없을 것이다.

그렇지만 복잡성이 어느 한 시점에서 갑자기 멈추는 일 없이 가속을 계속 이어가는 우주라면 우리의 이야기는 어떤 엔드게임을 맞이할까? 2형, 3형, 4형 초문명이 주변 환경을 조작하는 능력이 크게 성장해서 열역학 제2법칙을 어떡해서든 이기고 복잡성의 생명을 자연적인 종말 너머로 늘릴 수 있는 시나리오, 즉 '대구원Big Save'이 등장할 수 있다.

현재 우주의 나이와 우주, 그리고 대파열, 대붕괴/대반동, 특히 대동결 시나리오에서 우주가 존재할 수 있는 시간을 생각하고, 다시 우리가 초문명에 얼마나 빨리 도달할 수 있는지 생각해보면, 이런 가능성을 그 목록에 추가하는 것이 전혀 불합리하지 않다.

다세포종이 지구상에 존재한 지난 6억 3,500만 년 동안 100억 종에 이르는 종 가운데 적어도 1종이 사회를 창조할 정도의 집단학습을 만들어냈음을 생각해보자. 그리고 그 일의 대부분이 지난 1만 2,000년 동안에 일어났다. 많은 우주생물학자가 우리은하 안에 최고 3억 개 정도의 거주 가능 행성이 존재할 수 있다는 데 의견을 같이하고 있다. 실제로 그렇지는 않겠지만, 이 행성들 모두 다세포 생명체를 만들어낼 수 있다고 가정한다고 해도 우리은하 다른 어딘가에서 집단학습 능력이 있는 생명체가 등장할 가능성은 여전히 낮다. 하지만 관측 가능한 우주에 들어 있는 은하의 수(대략 4,000억 개)를 함께 고려하고, 은하당 평균 3억 개 정도의 거주 가능 행성이 존재한다고 가정하면 초문명으로 발전할 수 있는 또 다른 종이 존재할 가능성은 훨씬 높아진다. 그리고 우리 인간이 등장하는 데 138억 년밖에 걸리지 않았고, 그런 종이 다시 등장할 수 있는 시간이 수조 년 남아 있음을 생각하면, 그 확률은 대단히 높다. 가까운 미래 언젠가 인류가 멸종한다고 해도(요즘에는 뉴스만 틀면 이런 가능성을 느낄 수 있다) 우주 다른 곳에서 2형, 3형, 4형 문명이 등장할 가능성은 꽤 높다.

멀리 내다보며 우주의 엔드게임이 어떤 식으로 펼쳐질지 예측할 때 훨씬 수월한 자연적 종말과 함께 대구원 시나리오도 검토해봐야 하는 이유가 바로 이것이다.

필요한 기술이 무엇이든 간에 대구원 시나리오에서는 2형, 3형, 4형 초문명 중 어느 하나를 달성한 후에 다음 세 가지 활동 중 하나를 통해 우리의 복잡성을 우주의 자연적 종말 너머로 연장할 것이다.

1. 탈출하기: 다중 우주가 존재한다고 가정하면, 너무 늙지 않은 우주나 열역학 제2법칙이 물리적 속성으로 포함되어 있지 않아 에너지 흐름이 모두 고갈되어도 복잡성이 죽을 염려가 없는 우주로 떠날 수 있다.

2. 조작하기: 다중 우주가 존재하지 않거나, 우주라는 베이지색 탁자 위의 다른 '커피 잔 자국'으로 이동하는 것이 물리적으로 불가능하다고 가정하면, 강력하게 복잡한 초문명은 우주의 근본 속성을 조작하거나 새로 써서 열역학 제2법칙을 극복할 수 있을지도 모른다. 이것이 제일 가능성 높은 시나리오로 보인다. 만물의 자연적 종말을 거꾸로 되돌리기 위해 국소적인 것이든, 보편적

인 것이든 영구운동perpetual motion이 가능한 기술을 만들어내는 것이다.

3. 창조하기: 대붕괴와 가장 잘 양립하지만 대동결이나 대파열을 배제하지 않는 시나리오다. 우리가 어떻게든 시공간을 조작할 수 있다면 그냥 빅뱅을 다시 창조할 수 있다. 하지만 이번에는 우리의 우주보다 복잡성에 더욱 친화적인 물리법칙과 물질/에너지 분포를 만들어내는 조건을 그 안에 미리 코딩해 넣는다.

대구원 시나리오는 모두 가당찮은 미래 영역에 해당한다. 우리가 현재로서는 이해할 수 없는 무언가를 발명해야 할 뿐 아니라(가능한 미래), 현재의 과학이 물리적으로 불가능하다고 말하는 무언가를 달성해야 하기 때문이다. 하지만 가당치도 않은 것에 위험을 무릅쓰지 않고는 진정으로 가능한 것이 무엇인지 알아낼 수 있다.

초문명 수준에 도달하는 데 걸리는 짧은 시간과 우주의 복잡성 앞에 남아 있는 긴 수명, 그리고 수치로 나타나는 그런 초문명의 엄청난 복잡성을 생각하며 한 가지 명심할 것이 있다. 불과 몇 세기 전만 해도 사람들 눈에는 터무니없는 것으로 보였을 즉각적 소통, 초음속 여행, 달 착륙 같은 것이 현대 사회에서는 모두 이루어졌다는 것이다. 우리가 감당해야 할 일도 그렇게 무겁지 않다. 그저 앞으로 2만 년에서 30만 년 정도 죽지 않고 버티며 무슨 일이 일어나는지 지켜보는 것이다.

해답은 42가 아닐지도 모른다[22]

내가 이 글을 쓰고 있는 지금 이 순간, 지구는 아주 큰 어려움과 회의론에 빠져 있다. 인구는 압박을 경험하고 있고(이것이 비단 코로나 팬데믹 때문만은 아니겠지만, 그로 인해 더 악화된 것은 분명하다), 최악의 정치적 파벌주의가 아직도 생생하게 기억에 남아 있다. 툭하면 걱정에 빠지는 사람은 이것을 보며 추세적 주기에서 하향곡선에 접어들었음을 의미한다고 생각하며 위험을 느낄지도 모르겠다.

그럼에도 내가 인류세뿐만 아니라 우주의 종말에 관해 얘기하면서 대단히 낙관적이고 희망적인 태도를 유지할 수 있어 참으로 기쁘다. 존재의 역사 전반에서 우리를 앞으로 나갈 수 있게 해준 패턴을 보면 우리가 가까운 미래뿐만 아니라 머나먼 미래에도 살아남을 가능성이 보인다. 그리고 그저 살아남는 데 그치지 않고 번영할 것이다. 어쩌면 우주의 커다란 미스터리를 더욱 많이 밝혀낼지도 모른다. 이것이 인간의 사회, 지식, 노력이 안고 있는 거대한 잠재력이며, 말로 표현할 수 없을 만큼 소중한 것이다.

지금 우리의 행동이 참으로 아름답고 놀라운 일들을 개시하는 데 필

---

22 '42'라는 해답은 소설 『은하수를 여행하는 히치하이커를 위한 안내서』에서 삶, 우주, 그리고 세상 만물에 대한 해답이 무엇이냐는 질문에 우주에서 가장 똑똑한 컴퓨터 '깊은 생각'이 750만 년 동안 심사숙고한 끝에 내놓은 해답이다.

요한 비밀을 쥐고 있을지도 모른다. 이런 일들은 우주 역사의 시간 척도에서 보았을 때 손에 잡힐 듯 가까이 다가와 있다. 그리고 장수의 기술과 트랜스휴머니즘 기술의 미래가 낙관적이라면 우리나 우리의 자식 세대는 앞으로 펼쳐질 위대한 모험에 동참할 수 있을지도 모른다. 과거의 모든 노력이 우리에게 전달되었고, 우리도 그것을 후대에 물려줄 수 있다는 것은 대단한 선물이다.

지금까지 138억 년의 역사를 짧게 살펴보았다. 하지만 이 이야기는 이제 막 시작된 것인지도 모른다.

용감해지자. 그리고 서로에게 잘 해주자.

| 감사의 말 |

나를 훈련시키고, 수많은 기회를 주고, 좋을 때나 나쁠 때나 함께해준, 특히 팬데믹이 불러온 최근 재앙에서 내 곁을 지켜준 데이비드 크리스천에게 감사하고 싶다.

그리고 한없는 지지와 인내를 보여주고, 다소 특이한 연구 분야를 선택한 나를 응원해주신 부모님 수전 베이커와 그레그 베이커에게도 감사드린다.

지난 몇 달 동안 내 사기를 진작시켜주고 이 책 원고들을 꼼꼼하게 검토해준 제이슨 갈레이트에게도 감사드린다. 그는 말 그대로 내 목숨을 살려주었다.

그런 점에서 원고를 검토하고 유용한 피드백을 통해 이 책을 질적으로 크게 향상시켜준 캐런 스테이플리와 맷 다이틀리안에게도 감사드린다.

마지막으로, 마일로에게도 고마움을 전한다. 그 이유는 그가 잘 알 것이다.

Adas, Michael. *Islamic and European Expansion: The Forging of a Global Order*. Philadelphia: Temple University Press, 2001.

Adshead, S., *China in World History*. 2nd edn. Basingstoke: Macmillan, 1995.

Allen, Robert. *The British Industrial Revolution in a Global Perspective*. Cambridge: Cambridge University Press, 2009.

Allsen, Thomas. *Culture and Conquest in Mongol Eurasia*. Cambridge: Cambridge University Press, 2001.

Alvarez, Walter. *A Most Improbable Journey: A Big History of Our Planet and Ourselves*. New York: W.W. Norton, 2016.

Alvarez, Walter. *T. Rex and the Crater of Doom*. Princeton: Princeton University Press, 1997.

Archer, Christon, et al. *World History of Warfare*. Lincoln: University of Nebraska Press, 2002.

Ashton, T. S. *The Industrial Revolution, 1760–1830*. London: Oxford University Press, 1948.

Asimov, Isaac. *Beginnings: The Story of Origins — of Mankind, Life, the Earth, the Universe.* New York: Walker, 1987.

Bairoch, Paul. *Cities and Economic Development: From the Dawn of History to the Present.* Trans. Christopher Brauder. Chicago: University of Chicago Press, 1988.

Baker, David. 'Collective learning: A potential unifying theme of human history'. *Journal of World History,* vol. 26, no. 1, 2015, pp. 77–104.

Barfield, Thomas. *The Nomadic Alternative.* Englewood Cliffs: Prentice-Hall, 1993.

Barnett, S. A. *The Science of Life: From Cells to Survival.* Sydney: Allen&Unwin, 1998.

Barrow, John. *The Book of Universes: Exploring the Limits of the Cosmos.* London: W.W. Norton, 2011.

Bayley, Chris. *The Birth of the Modern World: Global Connections and Comparisons, 1780–1914.* Oxford: Blackwell, 2003.

Bellwood, Peter. *First Famers: The Origins of Agricultural Societies.* Oxford: Blackwell, 2005.

Bentley, Jerry. *Old World Encounters: Cross-Cultural Contacts and Exchanges in Pre-Modern Times.* Oxford: Oxford University Press, 1993.

Berg, Maxine. *The Age of Manufacturers, 1700–1820: Industry, Innovation, and Work in Britain.* 2nd edn. London: Routledge, 1994.

Bin Wong, Robert. *China Transformed: Historical Change and the Limits of European Experience.* Ithaca: Cornell University Press, 1997.

Biraben, J. R. 'Essai sur l'évolution du nombre des homes'. *Population*, vol. 34, 1979, pp. 13–25.

Black, Jeremy. *War and the World: Military Power and the Fate of Continents, 1450–2000*. New Haven: Yale University Press, 1998.

Blackwell, Richard J. *Behind the Scenes at Galileo's Trial*. Notre Dame: University of Notre Dame Press, 2006.

Bowler, Peter. *Evolution: The History of an Idea*. 3rd edn. Berkeley: University of California Press, 2003.

Brantingham, P. J. et al. *The Early Paleolithic Beyond Western Europe*. Berkeley: University of California Press, 2004.

Bray, Francesca. *The Rice Economies: Technology and Development in Asian Societies*. Oxford: Basil Blackwell, 1986.

Brown, Cynthia. *Big History: From the Big Bang to the Present*. New York and London: The New Press, 2007.

Browne, Janet. *Charles Darwin: Voyaging*. Princeton: Princeton University Press, 1996.

Bryson, Bill. *A Short History of Nearly Everything*. New York: Broadway Books, 2003.

Bucciantini, Massimo, Michele Camerota and Franco Gudice. *Galileo's Telescope: A European Story*. Trans. Catherine Bolton. Cambridge, Mass.: Harvard University Press, 2015.

Cavalli-Sforza, Luigi Luca, and Francesco Cavalli-Sforza. *The Great Human Diasporas*. Trans. Sarah Thorne. Reading: Addison-Wesley, 1995.

Chaisson, Eric. *Epic of Evolution: Seven Ages of the Cosmos.* New York:Columbia University Press, 2006.

Chaisson, Eric J. *Cosmic Evolution: The Rise of Complexity in Nature.* Cambridge: Harvard University Press, 2001.

Chaisson, Eric. 'Using complexity science to search for unity in the natural sciences'. In Charles Lineweaver, Paul Davies and Michael Ruse (eds). *Complexity and the Arrow of Time.* Cambridge: Cambridge University Press, 2013.

Chambers, John and Jacqueline Morton. *From Dust to Life: The Origin and Evolution of Our Solar System.* Princeton: Princeton University Press, 2014.

Cheney, Dorothy and Robert Seyfarth. *Baboon Metaphysics: The Evolution of a Social Mind.* Chicago: University of Chicago Press, 2014.

Chi, Z. and H.C. Hung. 'The emergence of agriculture in South China'. *Antiquity*, vol. 84, 2010, pp. 11–25.

Christian, David. 'The evolutionary epic and the chronometric revolution'. In Genet et al. (eds) *The Evolutionary Epic: Science's Story and Humanity's Response.* Santa Margarita: Collingswood Foundation Press, 2009.

Christian, David. *Maps of Time: An Introduction to Big History.* Berkeley: University of California Press, 2004.

Christian, David. *Origin Story: A Big History of Everything.* London: Allen Lane, 2018.

Christian, David. 'Silk Roads or Steppe Roads? The Silk Roads in World

History'. *Journal of World History*, vol. 11., no. 1 (2000), pp. 1–26.

Christian, David and Cynthia Stokes Brown and Craig Benjamin. *Big History: Between Nothing and Everything*. New York: McGraw Hill, 2014.

Christianson, Gale. *Edwin Hubble: Mariner of the Nebulae*. Chicago: University of Chicago Press, 1996.

Cipolla, Carlo. *Before the Industrial Revolution: European Society and Economy, 1000–1700*. 2nd edn. London: Methuen, 1981.

Cloud, Preston. *Oasis in Space: Earth History from the Beginning*. New York: W. W. Norton, 1988.

Coe, Michael. *Mexico: From the Olmecs to the Aztecs*. 4th edn. New York: Thames and Hudson, 1994.

Cohen, Mark. *Health and the Rise of Civilization*. New Haven: Yale University Press, 1989.

Collins, Francis. *The Language of Life: DNA and the Revolution in Personalised Medicine*. London: Profile Books, 2010.

Copernicus, Nicolaus. 'De hypothesibus motuum coelestium a se constitutis commentariolus'. In *Three Copernican Treatises*. 2nd edn. Trans. Edward Rosen. New York: Dover Publications, 2004.

Copernicus, Nicolaus. *De revolutionibus orbium coelestium*. Ed. trans. Edward Rosen. Baltimore: Johns Hopkins University Press, 1992.

Cowan, C. and P. Watson, eds. *The Origins of Agriculture: An International Perspective*. Washington: Smithsonian Institution Press, 1992.

Crawford, Harriet. *Sumer and the Sumerians.* Cambridge: Cambridge University Press, 2004.

Crosby, Alfred. *The Columbian Exchange: The Biological Expansion of Europe, 900–1900.* Cambridge: Cambridge University Press, 1986.

D'Altroy, Terence. *The Incas.* Malden: Blackwell, 2002.

Darwin, Charles. *The Autobiography of Charles Darwin 1809–1882.* Ed. Nora Barlow. London: Collins, 1958.

Darwin, Charles. *The Origin of Species by Means of Natural Selection.* 1st edn, reprint. Cambridge, Mass: Harvard University Press, 2003.

Darwin, Charles. *The Voyage of the Beagle.* New York: Cosimo Classics, 2008.

Davies, Kevin. *Cracking the Genome: Inside the Race to Unlock DNA.* Baltimore: Johns Hopkins University Press, 2001.

De Waal, Frans. *Chimpanzee Politics: Power and Sex Among Apes.* Johns Hopkins University Press, 2007.

De Waal, Frans. *Tree of Origin: What Primate Behaviour Can Tell Us about Human Social Evolution.* Cambridge: Harvard University Press, 2001.

Diamond, Jared. *Guns, Germs, and Steel: The Fates of Human Societies.* London: Vintage, 1998.

Dunbar, Robin. *A New History of Mankind's Evolution.* London: Faber & Faber, 2004.

Dunn, Ross. *The Adventures of Ibn Battuta: A Muslim Traveler of the Fourteenth Century.* Berkeley: University of California Press, 1986.

Dyson, Freeman. *Origins of Life.* 2nd edn. Cambridge: Cambridge University Press, 1999.

Earle, Timothy. *How Chiefs Come to Power: The Political Economy in Prehistory.* Stanford: Stanford University Press, 1997.

Ehret, Christopher. *An African Classical Age: Eastern and Southern Africa in World History, 1000 BC to AD 400.* Charlottesville: University Press of Virginia, 1998.

Ellis, Walter. *Ptolemy of Egypt.* London: Routledge, 1994.

Elvin, Mark. *The Pattern of the Chinese Past.* Stanford, Calif.: Stanford University Press, 1973.

Erwin, Douglas. *Extinction: How Life on Earth Nearly Ended 250 Million Years Ago.* Princeton: Princeton University Press, 2006.

Fagan, Brian. *People of the Earth: An Introduction to World Prehistory.* 10th edn. New Jersey: Prentice Hall, 2001.

Faser, Evan and Andrew Rimas. *Empires of Food: Feast, Famine, and the Rise and Fall of Civilisations.* Berkeley, Calif.: Counterpoint, 2010.

Fernandez-Armesto, Felipe. *Before Columbus: Exploration and Colonisation from the Mediterranean to the Atlantic, 1229–1492.* London: Macmillan, 1987.

Fernandez-Armesto, Felipe. *Pathfinders: A Global History of Exploration.* New York: W.W. Norton, 2007.

Flannery, Tim. *The Future Eaters: An Ecological History of the Australasian Lands and People.* Chatswood: Reed, 1995.

Fortey, R. *Earth: An Intimate History*. New York: Knopf, 2004.

Frankel, Henry. *The Continental Drift Controversy: Wegener and the Early Debate*. Cambridge: Cambridge University Press, 2012.

Galilei, Galileo. *Dialogue Concerning Two Chief World Systems: Ptolemaic and Copernician*. Trans. Stillman Drake. Ed. Stephen Jay Gould. Berkeley: University of California Press, 2001.

Gates, Charles. *Ancient Cities: The Archaeology of Urban Life in the Ancient Near East, Egypt, Greece, and Rome*, 2nd edn. Abingdon: Routledge, 2011.

Ghorsio, A. et al. 'New elements einsteinium and fermium, atomic numbers 99 and 100'. *Physical Review*, vol. 99, no. 3 (1955), pp. 1048–1049.

Gingerich, Owen. *Copernicus: A Very Short Introduction*. Oxford: Oxford University Press, 2016.

Goodall, Jane. *The Chimpanzees of Gombe: Patterns of Behaviour*. Cambridge: Harvard University Press, 1986.

Goodall, Jane. *Through a Window: My Thirty Years with the Chimpanzees of Gombe*. Boston: Houghton Mifflin, 1990.

Gordin, Michael. *A Well Ordered Thing: Dmitrii Mendeleev and the Shadow of the Periodic Table*. New York: Basic Books, 2004.

Gosling, Raymond (interview). 'Due credit'. *Nature*, vol. 496 (2013). Available from www.nature.com/news/due-credit-1.12806

Green, R. et al. 'A draft sequence of the neanderthal genome'. *Science*, vol. 328, no. 5979 (May 2010), pp. 710–722.

Hansen, Valerie. *The Open Empire: A History of China to 1600*. New York: W.W. Norton, 2000.

Hawking, Stephen. *A Brief History of Time: From the Big Bang to Black Holes*. New York: Bantam, 1988.

Hawking, Stephen and Leonard Mlodinow. *The Grand Design*. New York: Bantam Books, 2010.

Hawking, Stephen. *The Universe in a Nutshell*. New York: Bantam, 2001.

Hazen, Robert. *The Story of Earth: The First 4.5 Billion Years from Stardust to Living Planet*. New York: Viking 2012.

Headrick, Daniel. *The Tools of Empire: Technology and European Imperialism in the Nineteenth Century*. New York: Oxford University Press, 1981.

Headrick, Daniel. *Technology: A World History*. Oxford: Oxford University Press, 2009.

Heilbron, John. *Galileo*. Oxford: Oxford University Press, 2010.

Higman, B. *How Food Made History*. Chichester: Wiley Blackwell, 2012.

Hoskin, Michael. *Discoverers of the Universe: William and Caroline Herschel*. Princeton: Princeton University Press, 2011.

Hsu, Cho-yun. *Han Agriculture: The Formation of Early Chinese Agrarian Economy, 206 B.C.–220 A.D.* Ed. Jack Dulled. Seattle: University of Washington Press, 1980.

Hubble, Edwin. 'A relation between distance and radial velocity among extra-galactic nebulae'. *Proceedings of the National Academy of Sciences*, vol. 15, no. 3 (1929), pp. 168–173.

Johanson, Donald, and Maitland Edey. *Lucy: The Beginnings of Humankind*. New York: Simon & Schuster, 1981.

Johnson, A. and T. Earle. *The Evolution of Human Societies: From Foraging Group to Agrarian State*. 2nd edn. Stanford: Stanford University Press, 2000.

Johnson, George. *Miss Leavitt's Stars: The Untold Story of the Woman Who Discovered How to Measure the Universe*. New York: W.W. Norton, 2005.

Jones, Rhys. 'Fire stick farming'. *Australian Natural History* (Sep. 1969), pp. 224–228.

Jordanova, Ludmilla. *Lamarck*. Oxford: Oxford University Press, 1984.

Karol, Paul et al. 'Discovery of the element with atomic number Z=118 completing the 7th row of the periodic table (IUPAC Technical Report)'. *Pure Applied Chemistry*, vol. 88 (2016), pp. 155–160.

Kenyon, Kathleen. *Digging up Jericho*. London: Ernest Benn, 1957.

Kicza, John. 'The peoples and civilizations of the Americas before contact'. *Agricultural and Pastoral Societies in Ancient and Classical History*. Ed. Michael Adas. Philadelphia: Temple University Press, 2001.

King, Henry. *The History of the Telescope*. New York: Dover Publications, 2003.

Klein, Richard. *The Dawn of Human Culture*. New York: Wiley, 2002.

Knoll, Andrew. *Life on a Young Planet: The First Three Billion Years of Evolution on Earth*. Princeton: Princeton University Press, 2003.

Korotayev, A., A. Malkov and D. Khalturina. *Laws of History: Mathematical Modelling of Historical Macroprocesses*. Moscow: Komkniga, 2005.

Krauss, Lawrence. *A Universe from Nothing: Why There is Something Rather than Nothing*. New York: Simon & Schuster, 2012.

Lamarck, Jean Baptiste Pierre Antoine de Monet. *Philosophie zoologique: ou exposition des considerations relatives a l'histoire naturelle des animaux*. Cambridge: Cambridge University Press, 2011.

Leakey, R. *The Sixth Extinction: Patterns of Life and the Future of Humankind*. New York: Doubleday, 1995.

Leavitt, Henrietta S. '1777 Variables in the Magellanic Clouds'. *Annals of Harvard College Observatory*, vol. 60, no. 4 (1908), pp. 87–108.

Leick, Gwendolyn. *Mesopotamia: The Invention of the City*. London: Penguin, 2001.

Levathes, Louise. *When China Ruled the Seas: The Treasure Fleet of the Dragon Throne, 1405–1433*. New York: Simon & Schuster, 1994.

Livi-Bacci, Massimo. *A Concise History of World Population*. Trans. Carl Ipsen. Oxford: Blackwell, 1992.

Lunine, J. *Earth: Evolution of a Habitable World*. Cambridge: Cambridge University Press, 1999.

Macdougall, Doug. *Why Geology Matters: Decoding the Past, Anticipating the Future*. Berkeley: University of California Press, 2011.

Maddison, Angus. *The World Economy: A Millennial Perspective*. Paris: OECD, 2001.

Maddox, Brenda. 'The double helix and the "wronged heroine"'. *Nature*, vol. 421 (2003), pp. 407–408.

Marcus, Joyce. *Mesoamerican Writing Systems: Propaganda, Myth, and History in Four Ancient Civilizations*. Princeton: Princeton University Press, 1992.

Marks, Robert. *The Origins of the Modern World: A Global and Ecological Narrative from the Fifteenth to the Twenty-First Century*. 2nd edn. Lanham: Rowman & Littlefield, 2007.

Maynard Smith, John and Eors Szathmary. *The Origins of Life: From the Birth of Life to the Origins of Language*. Oxford: Oxford University Press, 1999.

McBrearty, Sally and Alison Brooks. 'The revolution that wasn't: A new interpretation of the origin of modern human behaviour'. *Journal of Human Evolution*, 39 (2000), pp. 453–463.

McGowan, Christopher. *The Dragon Seekers: How an Extraordinary Circle of Fossilists Discovered the Dinosaurs and Paved the Way for Darwin*. London: Basic Books, 2009.

McNeill, J. R. and William H. McNeill. *The Human Web: A Bird's-Eye View of World History*. New York: W.W. Norton, 2003.

McNeill, William. *Plagues and People*. Oxford: Blackwell, 1977.

Mendeleev, Dmitri. 'Remarks concerning the discovery of gallium'. In *Mendeleev on the Periodic Law: Selected Writings, 1869–1905*. Ed.

William Jensen. New York: Dover Publications, 2005.

Newton, Isaac. *The Mathematical Principles of Natural Philosophy*. Trans. Andrew Motte. London: Benjamin Motte, 1729.

Nicastro, Nicholas. *Circumference: Eratosthenes and the Ancient Quest to Measure the Globe*. New York: St Martin's Press, 2008.

Nutman, Allen et al. 'Rapid emergence of life shown by discovery of 3,700-million-year-old microbial structures'. *Nature*, vol. 537 (Sep. 2016), pp. 535–538.

Otfinoski, Steven. *Marco Polo: to China and Back*. New York: Benchmark Books, 2003.

Overton, Mark. *Agricultural Revolution in England: The Transformation of the Agrarian Economy, 1500–1850*. Cambridge: Cambridge University Press, 1996.

Pacey, Arnold. *Technology in World Civilisation*. Cambridge, Mass.: MIT Press, 1990.

Parker, Geoffrey. *The Military Revolution: Military Innovation and the Rise of the West, 1500–1800*. 2nd edn. Cambridge: Cambridge University Press, 1996.

Pinker, Steven. *The Blank State: The Modern Denial of Human Nature*. New York: Penguin, 2003.

Polo, Marco. *The Travels of Marco Polo*. Trans. Aldo Ricci. Reprint. Abingdon: Routledge Curzon, 2005.

Pomeranz, Kenneth. *The Great Divergence: China, Europe, and the Making of the Modern World Economy*. Princeton: Princeton University Press, 2000.

Pomeranz, Kenneth and Steven Topik. *The World that Trade Created: Society, Culture, and the World Economy, 1400 to the Present*. 2nd edn. Armonk: Sharpe, 2006.

Ponting, Clive. *A Green History of the World: The Environment and the Collapse of Great Civilisations*. London: Penguin, 1991.

Ptolemy, Claudius. *Ptolemy's Almagest*. Trans. and ed. G. Toomer. Princeton: Princeton University Press, 1998.

Ptolemy, Claudius. *Ptolemy's Geography: An Annotated Translation of the Theoretical Chapters*. Trans. and eds J. Berggren and Alexander Jones. Princeton: Princeton University Press, 2000.

Rampino, Michael and Stanley Ambrose. 'Volcanic winter in the garden of eden: the toba super-eruption and the Late Pleistocene population crash'. In *Volcanic Hazards and Disasters in Human Antiquity*. Ed. F. McCoy and W. Heiken. Boulder, Colo.: Geological Society of America, 2000, pp. 78–80.

Richards, John. *The Unending Frontier: Environmental History of the Early Modern World*. Berkeley: University of California Press, 2006.

Ringrose, David. *Expansion and Global Interaction, 1200–1700*. New York: Longman, 2001.

Ristvet, Lauren. *In the Beginning: World History from Human Evolution to the First States*. New York: McGraw-Hill, 2007.

Roller, Duane. *Ancient Geography: The Discovery of the World in Classical*

Greece and Rome. London: I.B. Tauris, 2015.

Rothman, Mitchell. *Uruk, Mesopotamia, and Its Neighbours: Cross-CulturalInteractions in the Era of State Formation.* Santa Fe: School of American Research Press, 2001.

Rudwick, Martin. *Earth's Deep History: How It Was Discovered and Why It Matters.* Chicago: University of Chicago Press, 2014.

Russell, Peter. *Prince Henry the Navigator: A Life.* New Haven: Yale University Press, 2000.

Sahlins, Marshall. 'The original affluent society'. In *Stone Age Economics.* London: Tavistock, 1972, pp. 1–39.

Sayre, A. *Rosalind Franklin and DNA.* New York: W.W. Norton, 1975.

Scarre, Chris, ed. *The Human Past: World Prehistory and the Development of Human Societies.* London: Thames & Hudson, 2005.

Schamandt-Besserat, Denise. *How Writing Came About: Handbook to Life in Ancient Mesopotamia.* Austin: University of Texas Press, 1996.

Sharratt, Michael. *Galileo: Decisive Innovator.* Cambridge: Cambridge University Press, 1994.

Smil, Vaclav. *Energy in World History.* Boulder: Westview Press, 1994.

Smith, Bruce. *The Emergence of Agriculture.* New York: Scientific American Library, 1995.

Strayer, Robert. *Ways of the World: A Global History.* Boston: St Martin's Press, 2009.

Stringer, Chris. *The Origin of Our Species*. London: Allen Lane, 2011.

Tarbuck, E. and F. Lutgens. *Earth: An Introduction to Physical Geology*. New Jersey: Pearson Prentice Hall, 2005.

Tattersall, Ian. *Masters of the Planet: The Search for Human Origins*. New York: Palgrave Macmillan, 2012.

Tattersall, Ian. *Becoming Human: Evolution and Human Uniqueness*. New York: Harcourt Brace, 1998.

Temple, Robert. *The Genius of China: 3000 Years of Science, Discovery, and Invention*. New York: Touchstone, 1986.

Turchin, Peter and Sergei Nefedov. *Secular Cycles*. Princeton: Princeton University Press, 2009.

Venter, J. Craig. *A Life Decoded: My Genome, My Life*. London: Penguin, 2007.

Watson, Fred. *Stargazer: The Life and History of the Telescope*. Cambridge, Mass.: Da Capo Press, 2006.

Watson, James. *The Double Helix: A Personal Account of the Discovery of the Structure of DNA*. London: Atheneum Press, 1968.

Wegener, Alfred. *The Origin of Continents and Oceans*. Trans. John Biram. New York: Dover Publications, 1966.

Weinberg, Steven. *The First Three Minutes: A Modern View of the Origin of the Universe*. New York: Basic Books, 1977.

Westfall, Richard. *The Life of Isaac Newton*. Cambridge: Cambridge

University Press, 1993.

Wilkins, Maurice. *The Third Man of the Double Helix: An Autobiography*. Oxford: Oxford University Press, 2005.

Woods, Michael and Mary Woods. *Ancient Technology: Ancient Agriculture from Foraging to Farming*. Minneapolis: Runestone Press, 2000.

Wrangham, Richard. 'The evolution of sexuality in chimpanzees and bonobos'. *Human Nature*, vol. 4 (1993), pp. 47–79.

Wrangham, Richard and Dale Peterson. *Demonic Males: Apes and the Origins of Human Violence*. Boston: Mariner Books, 1996.

Wrigley, E. *Energy and the English Industrial Revolution*. Cambridge: Cambridge University Press, 2011.

Zheng, Y. et al., 'Rice fields and modes of rice cultivation between 5000 and 2500 BC in East China'. *Journal of Archaeological Science*, vol. 36 (2009), pp. 2609–2616.

| 이미지 출처 |

p. 25, 36, 51, 52, 54, 96, 174, 176, 198 아이라 핌핑Aira Pimping

p. 152, 158, 163, 195, 218, 231 앨런 레이버Alan Laver

p. 24 나사: WMAP 사이언스 팀NASA: WMAP Science Team / 사이언스 포토 라이브러리 Science Photo Library

p. 39 나사/ JPL−칼테크NASA/JPL-Caltech / R. 허트R. Hurt(SSC/Caltech) / 위키미디어 공용Wikimedia Commons

p. 57 미켈 율 옌슨Mikkel Juul Jensen / 사이언스 포토 라이브러리

p. 65 마크 갈리크Mark Garlick / 사이언스 포토 라이브러리

p. 67 게리 힝크스Gary Hincks / 사이언스 포토 라이브러리

p. 79 CNX 오픈스택스CNX Openstax / 위키미디어 공용

p. 102 니콜라스 프리몰라Nicolas Primola / 셔터스톡Shutterstock

p. 104 세바시티안 카울리츠키Sebastian Kaulitzki / 알라미Alamy

p. 106 릴리야 부텐코Liliya Butenko / 셔터스톡

p. 109 궨 쇼키Gwen Shockey / 사이언스 포토 라이브러리

p. 111 프리드리히 자우러Friedrich Saurer / 사이언스 포토 라이브러리

p. 112 노부미치 타무라Nobumichi Tamura / 스톡트렉 이미지Stocktrek Images / 알라미

p. 114 리처드 비즐리Richard Bizley / 사이언스 포토 라이브러리

p. 116 마이클 롱Michael Long / 사이언스 포토 라이브러리

p. 119 틴키빈키tinkivinki / 셔터스톡

p. 123 세바시티안 카울리츠키 / 사이언스 포토 라이브러리

p. 128 유니버설 이미지 그룹 노스아메리카LLCUniversal Images Group North America LLC / 알라미

p. 139 S. 엔트레생글S. Entressangle / E. 데인스E. Daynes / 사이언스 포토 라이브러리

p. 143 DK 이미지DK Images / 사이언스 포토 라이브러리

p. 184 레베카 로즈 플로레스Rebecca Rose Flores / 알라미

p. 191 아시아 앤드 미들이스턴 디비전Asian and Middle Eastern Division / 뉴욕공립도서관New York Public Library / 사이언스 포토 라이브러리

p. 223 파울 퓌르스트, 1656년경 풍자적인 외래어 표현이 혼용된 시와 17세기 로마의 흑사병 의사 슈나벨(즉, 닥터 비크Dr. Beek)의 구리 조각 / 위키미디어 공용

p. 231 인터포토Interfoto / 알라미

p. 263 사이언스 포토 라이브러리 / 알라미

p. 273 케빈 질Kevin Gill / 위키미디어 공용

| 찾아보기 |

The Shortest History of the World
Copyright © 2022 by David Baker
Korean Translation Copyright © 2023 by Sejong Institution/ Sejong University Press

Korean edition is published by arrangement with Black Inc. through Duran Kim Agency.

이 책의 한국어판 저작권은 듀란킴 에이전시를 통한 Black Inc.와의 독점계약으로
세종연구원/ 세종대학교 출판부에 있습니다.
저작권법에 따라 한국 내에서 보호를 받는 저작물이므로 무단전재와 무단복제를 금합니다.

가장 짧은 우주의 역사

지은이　데이비드 베이커
옮긴이　김성훈
펴낸이　배덕효
펴낸곳　세종연구원

출판등록　1996년 8월 22일 제1996–18호
주소　05006 서울시 광진구 능동로 209
전화　(02)3408–3451~3
팩스　(02)3408–3566

초판 1쇄 발행　2023년 11월 30일

ISBN 979-11-6373-017-0　03400

* 잘못 만들어진 책은 바꾸어드립니다.
* 값은 뒤표지에 있습니다.
* 세종연구원은 우리나라 지식산업과 독서문화 창달을 위해 세종대학교에서 운영하는 출판 브랜드입니다.